普通高等教育"十一五"国家级规划
国 家 精 品 课 程 教材
国家大学生文化素质教育基地

Physics
And Human
Civilizations

科学通识系列丛书

物理学与人类文明

第二版

○ 盛正卯 叶高翔 著

ZHEJIANG UNIVERSITY PRESS
浙江大学出版社

序

中　国　科　学　院　院　士
教育部高等学校文化素质教育指导委员会主任 　杨叔子

在千年更替之际,一套以科学发展为主线、展现人类从茹毛饮血的原始社会发展到今天高度发达的文明社会的文化素质教育系列教材——"科学通识系列丛书"即将出现在我国图书的百花园中。正所谓西湖西子,富有创意。

为了迎接新经济时代的挑战,适应我国向第三步战略目标的迈进,我们急需培养一大批具有创新精神与实践能力的高素质人才,而加强大学生文化素质教育正是在这一背景下提出的。"随风潜入夜,润物细无声。"几年来的文化素质教育工作实践证明,要使文化素质教育工作取得实效,最主要的是必须把文化素质教育贯穿于教学的全过程,融合于教学的各环节。新浙江大学组建后,充分利用其学科优势,重新构建了颇具文化素质教育特色的课程体系,并对文化素质教育选修课程进行了系统规划和建设。即将面世的这套科学通识系列教材便是浙江大学文化素质教育课程建设的一项重要成果。

我深信,在我们共同努力贯彻和落实 1999 年全国第三次教育工作会议的精神与中央《深化教育改革,全面推进素质教育》决定的过程中，全国高校的文化素质教育工作将会得到更深入、更全面、更活泼而又更科学的开展，一定会有更多的创造性、标志性成果面世，国家大学生文化素质教育基地也一定会成为我国社会主义物质文明和精神文明建设的辐射源。

欣喜之余，谨为之序。

2000 年 11 月

再版前言

　　《物理学与人类文明》是一本大学生文化素质教育课程教科书。该书以人类科学发展进程为背景,结合现代社会的诸多有关问题,交叉科学与人文,融合东方与西方文化,将人类重大科学成就以及科学精神作为一种文化进行阐述。它既区别于一般的"科普"介绍,也有别于传统的"科技史"或"科学哲学"教科书。

　　作者力图既通俗易懂、深入浅出,又严谨求实地阐述物理学发展的重大成就、发展规律、思维方式、研究方法以及科学精神与人类文明的关系等问题,努力使该书成为学习科学基础知识,培养创新、严谨和踏实的科学作风,提升人生观和价值观,弘扬爱国主义精神的大学生科学文化素质教育的精品教科书。

　　与该书相对应的"物理学与人类文明"课程自1998年在浙江大学开设至今,受到了大学生们的欢迎。2004年,该课程被国家教育部评选为"国家级精品课程"。根据教育部对国家级精品课程的有关要求,我们对2000年11月第一版发行的《物理学与人类文明》一书进行了修订和补充,其宗旨是围绕"提高大学生科学文化素养"这一理念,着重对科学发展的规律、思维方式、研究方法等方面进行较为系统的哲学归纳和论述,加强了对有关"科学精神"与"人类文明"的关系等问题的讨论,使本书更加体现"科学与人文相互辉映"的整体构架,"科学"与"人文"有机融合的特色更加鲜明,更加切合我国现代大学生的实际需要。

当然,由于作者水平所限,书中不完善之处在所难免,欢迎读者批评指正。

最后,作者衷心感谢本书责任编辑陈晓嘉编审在成书过程中给予作者的有益建议和热情指导;感谢浙江大学中文系颜洽茂教授通读初稿,并提出了建设性的意见;感谢浙江大学物理系沙健、许祝安、罗民兴和鲁定辉教授、陶向明和杨波博士以及广大学生在教研和教学过程中的支持和讨论。

盛正卯　叶高翔

2006 年 2 月于浙江大学

目　　录

绪　　论

作为自然科学的一门重要基础学科，物理学历来是人类物质文明发展的基础和动力；而作为人类追求真理、探索未知世界奥秘的有力工具，物理学又是一种哲学观和方法论。在人类文明发展的漫长岁月中，这门古老而又生机勃勃的学科为我们树立了一座又一座卓越的里程碑。

在古代，物理学的辉煌曾为人类的早期文明作出了突出贡献。其中，四大文明古国之一的中国功劳最为显赫，创造出了许许多多个世界第一。2 000多年前的《墨经》是人类最早记录光学知识的著作。它以严谨的文字，客观翔实的语言描述了光的直线传播、投影、成象、反射等几何光学的基本原理。约在公元前300年，中国人就发现了磁铁矿吸引铁片的现象。公元11世纪，北宋大科学家沈括记录了航海用的指南针，并发现了地磁偏角。另外，中国古代在天象观测、日月食预报、弩箭、火炮、石拱桥等方面的杰出贡献也威震全世界，我国在农业、手工业、航海、军事、桥梁建筑等方面遥遥领先于当时的世界水平，在我国和世界文明史上写下了光辉的篇章。在美国首都华盛顿的世界航天博物馆中，至今仍陈列着一幅巨画，画的是我国古代发明的捆绑着火药喷射筒的弓箭。它是现代火箭的前身，是人类飞向太空的起点。

人类近代文明起源于16世纪。当时以哥白尼和开普勒为代表的天文学，以伽利略和牛顿为代表的经典力学，以及后来以瓦特和焦耳为代表的热力学导致了人类历史上的第一次工业革命。其中作为动力源的蒸汽机、精确计时的摆钟、度量受热程度的温度计等等，成了这次变革的标志性成果。另外，还引入了速度、加速度、功和能、热量、热功当量、能量守恒等一系列可以精确比较的概念。首次把定量化、精确性、可重复性、理论预言、实验检验等科学的方法作为一种规范引入到自然科学的各个领域，使人类文明跨出了从经验主义到现代科学理论的关键性一步。在这种实事求是的科学精神的指导下，实验科学的创始人伽利略通过从比萨斜塔上同时扔下两个大小不一的石球的实验，证明了自由落体的运动规律；牛顿建立的万有引力定律和微积分，为发现海王星及其运动轨迹奠定了理论基础并提供了计算方法，其结果与天文观察数据以惊人的精确度相符合;焦耳以大量精确且可重复的实验数据证明了机械能、电能和热能之间的转化关系,测定了热功当量常数,为能量守恒定律奠定了不可动摇的基础……这一个个动人的故事有力地证明了近代科学精神的正确性,鼓舞着一代又一代后来的科学工作者。这次史无前例的伟大革命改变了几千年来人类只能用手工劳动获取生活必需品的传统,极大地丰富了商品的种类和数量,使当时的机械加工、交通运输、纺织、航海、采矿等产业得到了迅猛发展。

19 世纪堪称是人类的电磁学世纪。奥斯特、安培、法拉第等人在电磁相互作用、电磁感应等方面的划时代重大发现奠定了现代电工学的基础,使人类在工农业生产中大规模利用电能的设想成为现实。19 世纪后期,麦克斯韦以其天才的数学才华,发展了法拉第有关"场"的思想,从理论上预言:电磁波作为一种物质存在于我们的周围。22 年后,实验物理学家赫兹历尽千辛万苦,以雄辩的实验事实,证明了电磁波的存在。麦克斯韦建立的经典电磁场理论揭示了电场和磁场的内在联系及传播规律,是现代电工学、无线电学、光学、微波和红外技术等领域的基础,它带动了电子、通讯、电光源、无线电等新型产业的迅猛崛起,引发了人类历史上第二次工业革命。经典电磁场理论的成功,是近代科学精神的又一次伟大胜利。它向人类提出了一个准则:一个具有真理意义的科学理论不但要能够解释已有的实验事实,而且要能够预言尚未发现的实验现象,并能被进一步的实验所证实。同时,它告诫我们:从来科学无捷径,切莫急功近利,而要踏踏实实,只有长期艰苦奋斗和不畏千难万险的人才有可能到达光辉的顶点。

步入 20 世纪,物理学得到了飞速发展,人类也因此进入了一个崭新的现代文明时期。普朗克、德布罗意、海森堡、狄拉克、薛定谔等人提出了电磁辐射能量不连续、微观粒子的波粒二象性、测不准原理等一系列革命性的假说,并在此基础上创立了量子物理理论,打开了人类进入微观世界的大门;爱因斯坦则以相对性原理、光速不变原理、广义协变原理以及惯性质量与引力质量等价原理为基础,创立了相对论,揭示了在高速和强引力场条件下的奇妙规律,提出了相对时空观,统一了质能关系,奠定了核物理、高能物理以及现代宇宙学的基础。以量子力学和相对论为基石的现代科学引发了人类历史上最伟大的第三次工业革命,随之而来的是各种高科技产业,如微电子、激光、超导、核技术、空间技术、信息传播技术等爆炸式的崛起。当 1947 年世界上出现第一只晶体管的时候,当 1960 年人类第一支红宝石激光器诞生的时候,谁也不会想到这些现代物理的成果将会改变整个世界的面貌……我们有理由相信:今天的物理学研究也必将对人类的未来产生重大影响。

　　我们使用移动电话,我们收看卫星电视,我们享受空调房间,我们乘坐音速飞机,我们用核磁共振成象仪检查身体⋯⋯可并不是所有的现代人都能理解这种物质享受的来源。如果认为物理学只是写写论文而没有实际应用价值,或因为物理学理论转化为生产力需要一段时间而轻视这门基础学科,那完全是错误的,也是不公平的。今天的"论文"是明天"大规模应用"的基础;今天的"理论"将导致明天的高科技产业。由量子力学而导致的第一只晶体管的发明已为人类带来了规模空前的微电子产业,其中的超大规模集成电路技术使计算机、卫星电视、移动电话、各种自动控制器等高科技产品进入现代社会的各个领域成为现实。晶体管的发明者也因此而获得奖励金额为几十万美元的诺贝尔物理学奖,但没有人能计算出这项发明给人类带来的真正价值。我国在 1964 年首次爆炸成功的原子弹相当于几万吨 TNT 烈性炸药的能量总和,但没有人能估量出它为我们国家在科技、国防、外交等方面所带来的真正能量值⋯⋯

　　作为自然科学范畴的物理学的辉煌成就对人类社会的政治、经济、文化、哲学、艺术等方面也同样产生了巨大的影响,震撼和纯洁着世人的心灵。16—17 世纪经典力学的巨大成功改变了人类长期以来对有关天和地的愚昧观念,使地球中心说变得不堪一击。相对论以无可挑剔的严谨推理证明了因果关系不可逆转的深刻原因是光速不可超越,否定了"以太"学说和绝对时空观,使充满辩证唯物论的相对时空观深入人心。现代宇宙学说彻底否定了传统哲学中关于"宇宙在时间和空间上具有无限性"的说法,有力的实验事实已经证明了宇宙在空间上是有限的,在时间上是有始有终的。近几十年来,混沌学研究取得了重大进展。它提醒人们:简单几个原因可以产生极其复杂的结果;相差无穷小的原因也可以导致相差无穷大的结果,真可谓"差之毫厘,失之千里"。它和量子力学一起,对传统的"因果论"进行了一次大刀阔斧的修正。从哲学上讲,物理学追求完美,呼唤创新,既以精确、定量且可重复的实验事实检验理论,又以严谨、优美、对称和简洁的理论预言实验结果为主要思维方式。所有这些均已成为现代科学的基本准则,它和那些虚伪、浮夸、伪科学和反科学的言论和行为格格不入。

　　我们曾千遍万遍地听到"要尊重科学"的口号声,但要真正做到尊重科学,遵循现代科学的基本准则并不容易。震惊全国的"水变油"骗局就是一个例子。事实上,刚"发明"水变油时,其"成果"并没有得到"精确、定量、可重复、普遍实验证实"准则的检验。然而却有那么多人相信这个"中国第五大发明"长达十多年之久,其原因仅仅是因为"他们说"、"很多人都相信"、"都已登报了"、

"好多杂志已转载了"等几句未经验证的传闻,真是令人痛心。当今世界,一个没有用科学精神武装的民族是愚昧的民族,是注定要挨打的民族。现在,虽然"水变油"骗局已经被彻底揭穿,但我们仍然应该清醒地看到,要使科学精神在当代中国普及并使其深深扎根,仍任重而道远。

21世纪,将是人类跨入更高层次文明的时代,物理学也将进入一个新的发展时期,无穷无尽的自然界奥秘等待着人类去探索和发现。目前困扰物理学家的诸多难题,如受控热核聚变、高温或室温超导体、引力波、宇宙暗物质和类星体等等,一旦得到解决,整个世界必将再次焕然一新!物理学还将继续被应用到所有自然科学的其他领域。量子力学和生命科学的结合,凝聚态物理和材料科学的交叉,由数学、物理学、地球科学、生命科学乃至社会科学之间的融合而导致的复杂性科学等等,都已成为或正在成为当今世界最具活力的领域。也许有人会说,21世纪将是生命科学的世纪;也许还有人会说,21世纪是信息时代等等。但只要认真考虑一下便可发现,几乎所有科学的发展都要以物理学为基础:揭示生命的奥秘必须利用量子力学的基本原理,信息现代化离不开以光速传播的电磁波……这种依赖关系在21世纪不会有丝毫改变。如果认为物理学的辉煌已经过去,那是完全没有根据的。人类对宇宙奥秘的探索和对真理的追求是永无止境的。

本书根据作者多年来在浙江大学人文社科院、系讲授"物理学与人类文明"课程的讲稿修改和补充而成。根据人文社科专业的特点,我们用尽可能少的数学语言(一般为初等数学)和尽可能多的实际例子,着重介绍几百年来,特别是近一个世纪以来物理学的重大进展,其中包括力学、电磁学、热学、波动光学、量子力学、相对论、现代宇宙学、非线性物理学等内容,并介绍了由此而导致的现代高科技的重大突破,如超导体、激光、晶体管、航天、全球定位系统、量子通讯等等;同时,我们还对科学发展的规律、科学思维方式以及研究方法进行了较为开放但又不失严谨性的阐述,将它们穿插于物理学内容之中,进而上升为一种对人类文明进程具有巨大推动作用的"科学精神",论述了"科学精神"与现实社会中诸多问题的关系。作者力求把物理学中奥妙无穷的现象和规律与其深层次上的哲学意义结合起来,缩小自然科学与人文社会科学之间的鸿沟。尽管本书中的举例、归纳、推理等均是以物理学的发展为背景,但其结论的适用范围也许可以大大超出物理学领域。盼望本书能为非理工类大学生以及人文社科工作者和管理人员提供一个了解科学知识、把握科学的思维方法、树立科学精神的途径。

第 1 章　经典物理学

20 世纪以前的物理学,包括牛顿力学、分析力学、热力学、统计物理学、电磁学、电动力学、几何光学、波动光学等,由于它们极其完美地解释并预言了各种宏观低速的物理现象,导致了人类文明进程的大步跨越,因而被誉为"经典物理学"。

1.1　天地运动

在人类文明的初始阶段,由于生产力的极度低下,人们对天和地有一种特有的崇拜和恐惧,诸如"上帝"是一个主宰天地间万物的霸主,"天堂"是一个桃红柳绿、和平富裕的世外桃源,"地狱"乃是一个阴暗恐怖的底层等等。5 000 多年前,中国的河姆渡人就已在他们的装饰品中刻有"双鸟朝阳"图案,从而反映出当时人们对太阳的无比崇拜;2 000 多年前中国的古老传说"嫦娥奔月"则表达了人们对"天堂"生活的向往;同样,欧洲的"上帝"创造人类——亚当和夏娃的故事,也反映了生活在那片土地上的人们对"上帝"万能的信仰。

1.1.1　天与地

很久很久以前,人们赖以生存的"地"被想像成一个巨大的平台,平台四周是无底的深渊。中国古代称这个平台为"天下"。到了 16 世纪,航海业得到了飞速的发展,人们发现:海边远去的帆船会逐渐"下沉",最后全部被"淹没"在水平线以下,于是人们认识到"地"并不是平的,而应该是球形的。这就是我们共同居住的家园——半径约为 6 400 公里的蓝色地球,她无疑是浩瀚的宇宙中最美丽的一颗星球。

古希腊人对于"天"有自己的看法,他们认为:地的最上方有一"天球",天球每天由东向西绕地转动一周,众多的星体镶嵌在天球上,唯有 5 颗例外的星体游荡在天球与地之间,它们均以地为中心绕其转动。后来才知道,古希腊人认为游荡在天球与地之间的这5颗星体在古代中国分别被称为金星、木星、水星、火星和土星。显然,由于当时观测手段的落后,2 000年前人类所认识的"天"仅限于太阳系内。

地心说的创始人,古希腊哲学家柏拉图(Plato,公元前427~前347)主张用匀速圆周运动来解释天体运动。他提出:天上的星体代表着永恒的、神圣的、不变的存在,因此它们肯定沿着最完美的轨道以最完善的方式运动;而最完善的运动是匀速圆周运动,因此,它们一定是围绕着地球作匀速圆周运动。柏拉图的地心说思想在人类历史上统治了长达1 400年之久,其主要原因是当时的仪器设备不够精确,而且该理论能和人们的直观经验相符合。很难想像,要当时的人们相信他们是生活在一个既有自转,又有公转的高速运动着的星球上,是何等的困难。

然而要证明一个科学理论,仅用柏拉图所说的"肯定是……","一定是……"等雄辩词句是远远不够的,它需要客观、精确、可重复实验的证明,还需要严谨数学理论的推导。

直至欧洲文艺复兴时期,波兰杰出的天文学家哥白尼(N. Copernicus,1473~1543)根据实验事实,率先向地心说挑战,提出了著名的"日心说"。他在《天体运行论》一书中对宇宙的结构是这样描述的:"天球从远到近的顺序如下:最远的是恒星天球,包罗一切,本身是不动的。它是其他天体的位置和运动的参考背景。有人认为,它也有某种运动。但是,我们将从地球运动出发对这种视变化(即人眼直觉到的变化)作另外的解释。在行星中土星的位置最远,三十年转一周;其次是木星,十二年转一周;然后是火星,两年转一周;第四是一年转一周的地球和同它在一起的月亮;金星居第五位,九个月转一周;第六为水星,八十天转一周……太阳在它们的正中,一动也不动。"哥白尼信奉最完美的秩序,希望能建立简洁和谐的天体几何学,坚信所有行星的排列顺序与它们的轨道周期和轨道半径有紧密的联系,如图1.1所示。

哥白尼"日心说"最明显的优点在于,它对行星的逆行现象给予了一个较为自然的解释,首次提出了相对运动的概念,揭示了地心说的错误在于把对天体的视运动误认为是天体的真实运动。其实,太阳的东升西落并不是太阳绕地球在转,而是地球的自转所造成的。1728年,英国的布莱德雷(F. H. Bradley,1693~1762)发现光行差现象,证明了地球相对于恒星在转动,太阳相对于其他恒星在小得多的范围内也在运动。1852年,法国的傅科(J.B.L.

Foucault)完成了著名的傅科摆实验,从而证明了地球的确是在自转。这个著名的实验至今仍每天在世界上许多国家的天文博物馆中展示。所有这些实验有力地支持了日心说,从而使日心说日渐被人们承认和接受。

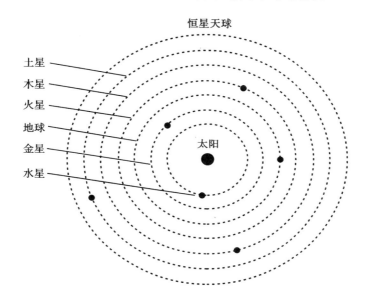

图 1.1　哥白尼的日心模型

丹麦天文学家第谷(T.Brahe,1546～1601)对天文现象的观测有着天生的爱好,他经过长达 21 年的细心观察和记录,获得了当时行星位置的详细数据,其观察到的各行星的角位置误差小于 1/15 度。当他用如此精确的实验数据去拟合哥白尼学说时,发现日心说中的行星圆轨道模型只是粗略的近似,而不是完美的。事实上,第谷的实验数据显示:行星运动轨迹并不是圆形,而是椭圆形。

德国天文学家开普勒(J.Kepler,1571～1630)幸运地继承了第谷的精确实验数据,并以此对行星轨道进行了长达 17 年的研究。终于,他从第谷浩繁零散的数据中发现了规律性的东西,提出了开普勒行星运动三大定律:

·行星沿椭圆轨道绕太阳运行,太阳位于椭圆的一个焦点上;

·对于任何一颗行星来说,它的矢径 r 在相等的时间内扫过的面积相等(如图 1.2所示);

·行星绕太阳运动的椭圆轨道的半长轴 a 的立方与运动周期 T 的平方成正比,即

$$a^3 = kT^2 \qquad (1.1)$$

其中常量 k 与行星的任何性质无关,是太阳系的常数。

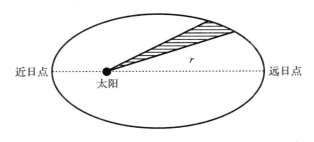

近日点　　　　　　　　太阳　　　　　　　　远日点

图 1.2　开普勒定律

开普勒行星运动三大定律对后来牛顿的万有引力定律的发现具有奠基性的作用。事实上,天体相互吸引的有心力特征和引力平方反比律已包含在开普勒三大定律之中。

开普勒终于成功地把第谷 20 余年的实验观测数据归纳成如此简洁统一的定律,他为此而欣喜若狂:"……我终于走向光明,认识到的真理远超出我最热切的期望。如今木已成舟,书已完稿,至于是否现在就有读者,抑或将留待后世——正像上帝已等了观察者六千多年那样,我也许要整整等上一个世纪才会有读者——对此我毫不在意。"开普勒相信:一个具有真理意义的科学理论是经得起任何考验的,它的正确性和价值与是否有人承认它无关,与承认它的人的多少无关,也与人类什么时候发现和利用它无关。

1.1.2　牛顿力学

伊萨克·牛顿(I. Newton,1642~1727),一个如雷贯耳的名字,他是英国杰出的物理学家,经典力学之父。他早年受亚里士多德哲学思想的影响,从笛卡尔(R. Descartes,1596~1650)的《几何学》以及伽利略(G. Galileo,1564~1642)的《两个世界体系的对话》书籍中领悟到了正确的科学思想观,又从开普勒的三大定律以及伽利略的相对性原理中,发现了自然界深刻的运动规律,然

后受益于由他自己和莱布尼兹共同创立的微积分,最后在他的巨著《自然哲学的数学原理》中提出了牛顿三大定律和万有引力定律,成功地将天体运动和地面物体运动和谐地统一起来,完成了人类文明史上的第一次自然科学大统一。

1. 牛顿三大定律

经验使人们相信:要使一个物体运动得更快,则必须使用更大的力去推它,当无推力时,原来运动着的物体的速度会逐渐减小,最后停止。亚里士多德(Aristotle,384~322)学派认为:静止是水平地面上物体的"自然状态",而"运动"则是要靠力来维持的。

意大利物理学家伽利略首先领悟到了其中的问题。他注意到:当一个小球沿斜面向下滚时,其速度会不断增大;向上滚时,其速度会逐渐减小。由此他推论:当球沿水平面滚动时,其速度应该不变化,而实际例子中小球会越滚越慢的原因是小球与水平面之间的摩擦力在起阻碍作用。也就是说,如果没有摩擦力,小球将永远匀速地运动下去,而无须用力来维持。因此"静止"并不是小球的"自然状态"。后来,伽利略的这一正确思想由牛顿归纳成动力学的一条最基本的定律,即惯性定律,或称牛顿第一定律:

在没有外力作用的情况下,任何物体均保持静止或匀速直线运动状态。

牛顿第二定律来源于牛顿对碰撞问题的研究,与惯性定律密切相关。

牛顿认为:一个物体的质量 m(这里界定的是物体的惯性质量)是一个与运动速度 v 无关的常量,作用于物体的外力 F 正比于物体的加速度 a,比例系数即为物体的惯性质量 m,即

$$F = ma \tag{1.2}$$

如果利用微积分的概念,加速度 a 是速度 v 对时间的一阶导数,即 $a = \dfrac{\mathrm{d}v}{\mathrm{d}t}$;$a$ 也是物体位矢 r 对时间的二阶导数,即 $a = \dfrac{\mathrm{d}^2 r}{\mathrm{d}t^2}$。所以,上式的更普遍形式应写成 $F = m\dfrac{\mathrm{d}^2 r}{\mathrm{d}t^2}$。

(1.2)式就是著名的牛顿方程,也称为牛顿第二定律。其实牛顿第一定律已包含在(1.2)式中。当外力 $F = 0$,则物体的加速度 $a = 0$,此时物体速度的大小和方向均保持不变。

应该指出,牛顿方程并不是从理论上"推导"出来的,而是一个从实验结果

中归纳总结出来的实验规律。几百年来，它的正确性和适用范围一直在经受实践的检验。无数事实已经证明：在低速宏观条件下，也就是对线度 $L > 10^{-6}$ 米的宏观物体，不管它是在天上还是在地面，当物体的运动速度 v 远小于光速 c 时，(1.2)式对物体运动规律的描述是十分精确的。例如，对于汽车（$v \approx 10$ 米/秒）、导弹（$v \approx 100$ 米/秒）、宇宙飞船（$v \approx 10$ 公里/秒）、天体运动（$v \approx 30$ 公里/秒）等，由牛顿方程推得的所有结果均具有足够的精确度，并与实验相符合。但对接近光速或线度 $L < 10^{-7}$ 米的物体，例如经加速至接近光速的基本粒子，尺寸仅为 10^{-10} 米左右的原子内电子的运动等等，牛顿第二定律却失效了，取而代之的是现代物理学的两大基石——相对论和量子力学。

牛顿第三定律表述为当两物体相互作用时，作用力和反作用力大小相等，方向相反，在同一直线上，即

$$\boldsymbol{F}_{1,2} = -\boldsymbol{F}_{2,1} \tag{1.3}$$

2. 万有引力定律

牛顿认为，如果行星是绕太阳作近似匀速圆周运动，那么根据匀速圆周运动规律，行星与太阳之间必存在一个向心力 f，其大小为

$$f = m \frac{v^2}{r} \tag{1.4}$$

其中 m 是行星质量，v 为行星速度，r 为行星轨道半径。对于圆形轨道，$v = 2\pi r / T$，T 为行星运动周期，因此(1.4)式可改写为

$$f = \frac{4\pi^2 m r}{T^2} \tag{1.5}$$

根据开普勒定律，$r^3 = kT^2$，k 是太阳系常数（对于圆形轨道，$a = r$），于是(1.5)式可进一步改写成

$$f = 4\pi^2 k \frac{m}{r^2} \tag{1.6}$$

由此可见，引力的平方反比定律其实已包含在开普勒定律之中。与牛顿同时代的惠更斯、胡克、哈雷等人，都曾与平方反比定律相遇，但只有牛顿明确应用了力和质量的概念，并将它们用一个等式表示出来。

在(1.6)式中，牛顿敏感地意识到吸引力与被吸引物体质量 m 成正比的

重要意义。他认为:引力作用应是互易的,即施力物体和被吸引物体应该处在完全同等的地位。根据牛顿第三定律,小球 A 吸引小球 B 的力完全等于小球 B 吸引小球 A 的力,这两个力处于完全对等的地位。于是牛顿认为,既然 f 与行星质量 m 成正比,它也应与太阳的质量 M 成正比,于是(1.6)式可表示为

$$f = G\,\frac{mM}{r^2} \tag{1.7}$$

其中 G 称为引力常数,它是一个与物质无关的普适常数。(1.7)式就是著名的万有引力定律。它意味着"万有性"和"普遍性",不仅太阳与行星之间,而且行星与行星之间,地面上的任何两物体之间均存在着这种力。力的大小与两物体间的距离 r 的平方成反比,与两物体的质量 m 和 M 的乘积成正比,力的方向沿两物体的联线。

应该指出,(1.7)式中所引进的质量 m 和 M 是所谓的引力质量,它们代表的是物体的引力属性,而在上一节中(1.2)式引进的质量 m 是惯性质量,代表的是物体的运动属性,两者的引入互不相干,各有各的意义。但在名称上都被称作物体的"质量",这个问题在爱因斯坦广义相对论之后才得以解决。现有的实验已精确证明:引力质量与惯性质量以极高的精度成正比,以至于在现代宇宙学等先进理论中,完全可以认为这两种定义的质量是一回事,而不会产生任何可以探测到的误差。

1846 年,勒弗里埃(U. Le Verrier)和戈勒(J. C. Galle)等人利用牛顿的万有引力理论对天王星运动的某些极小的不规则性进行计算,结果发现了海王星。他们在第一夜的观测中就认出了海王星,而且与预计位置仅相差 1 度。1930 年,汤姆波夫(C. W. Tambaugh)同样运用万有引力理论对海王星的细微不规则性进行计算,预言了冥王星的存在,并在实际的观测中发现了冥王星。这一个个成功的预言和实证将牛顿及其学说推上了当时学术界的顶峰级宝座。

牛顿经典力学理论首次把地面上物体的运动规律和天上的行星运动规律统一起来。它告诉人们,天并不那么神秘万能,它和地面上的物体服从同样的规律,从而克服了人类长期以来有关天和地的愚昧观念。牛顿力学革命导致了 18 世纪和 19 世纪的工业革命,并对后来(包括现在和将来)的自然科学发展产生了极其深远的影响。

1.1.3　能量动量守恒与时空对称

物理学中的很多规律往往与物理系统的对称性相联系,例如元素周期律现象的产生与电子和原子核库仑相互作用的球对称性有关。物理学家相信:宇宙间最深奥的秘密很可能与对称性密切相关。

1. 动量守恒与空间对称

一个物体的动量 p 被定义为质量 m 乘以速度 v,即 $p = mv$。假如在一个系统中共有 $i = 1, 2, 3, \cdots, n$ 个宏观物体,它们的动量分别为 $m_1 v_1, m_2 v_2, \cdots, m_n v_n$。在无外力作用的情况下,由牛顿第二定律可以推得该系统的总动量在运动过程中守恒,即

$$m_1 v_1 + m_2 v_2 + \cdots + m_n v_n = 常量 \tag{1.8}$$

这便是著名的动量守恒定律。

从理论物理学的高度来看,动量守恒定律与惯性参照系的空间对称性有关,它可由空间平移不变性直接推得。如图 1.3 所示,t 为时间坐标,x 为空间坐标,在 x_1 处与 x_2 处有两个空间 S 和 S'。由于空间的均匀性,S 和 S' 应该是完全等价的。也就是说,当我们将空间坐标 $x = x_1$ 移至 $x = x_2 = x_1 + a$ 处之后,一切物理规律不应有任何变化。这种空间平移不变性便是导致动量守恒的根本原因。

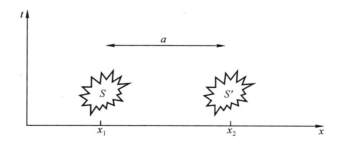

图 1.3　空间平移不变性示意图

假如空间平移不变性具有绝对精确的意义,那么我们可以作出如下推论:从地球出发,向某方向的宇宙深处平移若干距离,由于那儿的空间与地球

附近的空间的任何性质都完全一样,因此在那儿也应该有一个地球。如此类推,宇宙中还应该有无数个地球,这些地球上也有人类,也有东方巨龙中国,也有一个浙江大学,校园内也有许多大学生……由这样一个大胆的推论所得到的佯谬当然令人难以置信。事实上,根据爱因斯坦相对论的观点,宇宙在空间上的有限性以及物质分布的不均匀性使它不可能处处均匀等价,从而上述空间平移不变性应该具有相对的意义。上述思想已在现代宇宙学、固体物理学和介观物理学中得到了应用和证实。

早先,动量守恒只对机械运动而言。麦克斯韦电磁场理论建立之后,物理学家把动量概念推广到电磁场中,即把电磁场的动量也归纳进去,结果发现系统的总动量仍然守恒。在现代物理学中,若将基本粒子以及规范粒子(即传递相互作用的粒子)的动量均计入总动量,则总动量在运动过程中仍然保持不变。事实上,由于空间平移不变性具有相对的意义,对于不同的物理系统,不同的精确程度,"动量守恒"应具有不同的内容。迄今为止,在不同的精确度范围内,实验上还未发现动量守恒定律的任何例外,而且还导致了许多重大发现。例如动量守恒定律曾为当年中微子的发现作出过关键性的贡献等。

2．能量守恒与时间对称

n 个宏观物体的总动能 E_k 与总势能 E_p 之和称作该系统的机械能。

在没有外力的情况下,如果该物理系统内无非保守力(如摩擦力等)做功,则该系统在运动过程中的总机械能保持不变,即

$$E_k + E_p = 常量 \tag{1.9}$$

这便是牛顿力学中的机械能守恒定律。然而对于具有非保守力的系统,机械能并不守恒。

从微观角度来看,任何系统均为保守系统,即无非保守力,因为摩擦力以及热运动均为微观粒子(包括基本粒子等)的相互作用。这时如果将每一个微观粒子的动能和势能均计入在内,系统的总动能与总势能之和(其中包括了热能、电能、强相互作用能、弱相互作用能、引力互作用能等,见第 1.2 节)仍然保持守恒。换言之,对于不同的物理系统,不同的精确程度,"能量守恒"应具有不同的内含。例如在量子力学中,"能量守恒律"要受到所谓"测不准原理"(见第 2 章)的限制,微观粒子的能量只在统计意义上是守恒的。

上述自然界的普遍法则被称为能量守恒定律。

从本质上讲,导致能量守恒定律的起因是时间的对称性,即能量守恒定律可由时间平移不变性直接推得。在图1.4的时间坐标中,由于时间流逝的均匀性,在 t_1 和 t_2 处的两个时间间隔 T 和 T' 是完全等价的。也就是说,当我们将时间坐标从 $t=t_1$ 移至 $t=t_2=t_1+\Delta t$ 之后,一切物理规律不应该有任何变化。这便是导致物理系统能量守恒的根本原因。由于能量守恒定律的内容与具体的系统以及测量精确程度有关,因此"时间平移不变性"也应该是一个相对的概念。

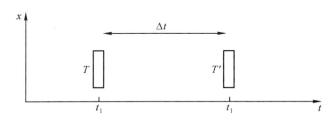

图1.4　时间平移不变性示意图

假如上述时间平移不变性具有绝对精确的意义,那么我们可以推论:从现在某时刻 t 出发,向后或向前平移某时间间隔 Δt,由于那时的时间与现在的时间的各种性质完全一样,因此在地球诞生之前或将来地球毁灭之后,宇宙中会一次又一次地重复出现完全一样的地球,重复次数为无穷大。那么,在这些地球上也有人类,也有一个东方巨龙中国,也有一个浙江大学,该大学校园内也有许多大学生……如果这一推理的结论正确,则"二十年后又是一条好汉"的豪言便可得到证明,人们也无需再为不能"返老还童"而忧愁。然而,上述推理虽然无限美好但毕竟不是事实。由于宇宙在时间上的有限性以及时空的相对性(详见第4章),宇宙中的时间平移不变性也应具有相对的意义,这一点已经得到了现代物理学的证明。

1.1.4　严谨的科学方法论

1. 形而上学的研究方法

在物理学以及其他自然科学领域,经常采用一种被称为"形而上学"的研究方法,其主要特征是以孤立、静止、片面的方法去分析问题和解决问题。例如"物理模型"(理想气体、质点、刚体、黑体、周期性边界条件等)、"时间平均"、

"n 级近似解"、"隔离法"、"分离变量法"等等,它们都是孤立、片面或静止地对问题(客体)进行简化,然后再着手研究的。科学家们对此的解释是"抓主要矛盾,略次要矛盾"。但问题是什么叫"主要矛盾"? 什么又是"次要矛盾"呢? 在具体的科学问题中,有时候主次并不是十分清晰的。

我们以物理学中的单摆为例,如图 1.5 所示。"单摆"这个理想模型隐函了如下近似:

(1) 细绳无质量,长度 l 始终不变;

(2) 摆锤为直径等于零的质点,质量 m 恒定;

(3) 摆动角 θ 很小;

(4) 系统处于惯性参照系中;

(5) 除重力(加速度为 g)之外,无其他外力(包括空气阻力)作用。

只有在这样严厉的近似下,我们才能得到简单的单摆方程:

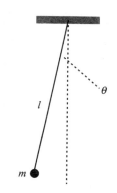

图 1.5　单摆示意图

$$\frac{\mathrm{d}^2\theta}{\mathrm{d}t^2} = -\omega^2\theta, \omega^2 = \frac{g}{l} \tag{1.10}$$

我们才能得到如此美妙的正弦(或余弦)解

$$\theta = \theta_0 \sin(\omega t + \varphi) \tag{1.11}$$

其中 θ_0 是振幅,ω 是角频率,t 为时间,φ 是振动的初位相。

为了理解物理学近似的实质,我们将上述单摆方程的近似过程普遍化。对一般的低速宏观物理系统,假如物体的质量为 m,空间位置 $\boldsymbol{r}$,时间为 t,则牛顿动力学方程一般可表示为

$$m\frac{\mathrm{d}^2\boldsymbol{r}}{\mathrm{d}t^2} = \boldsymbol{f}_1 + \boldsymbol{f}_2 + \boldsymbol{f}_3 + \cdots \tag{1.12}$$

其中 $\boldsymbol{f}_1, \boldsymbol{f}_2, \boldsymbol{f}_3$ 等等是作用于该物体上的各种力。例如我们在计算地球绕太阳公转轨道时,要考虑到太阳对地球的吸引力、月亮对地球的吸引力、金星对地球的吸引力、火星对地球的吸引力等等。一般来说,要求解这样一个微分方程是十分困难的,于是科学家们想到了近似。在过去的几百年中,物理学家们采用了如下一般近似原则:如果 $\boldsymbol{f}_1 \gg \boldsymbol{f}_2 + \boldsymbol{f}_3 + \cdots$,则上述牛顿动力学方程可近似表示为

$$m\frac{\mathrm{d}^2\boldsymbol{r}}{\mathrm{d}t^2} = \boldsymbol{f}_1 \tag{1.13}$$

从而使问题大大简化,求得我们所需要的解。

在经典物理学中,采用上述近似方法所取得的一个又一个巨大的成功使人们对此十分自信和放心,几百年来,很少有人对这种近似方法在逻辑上的严密性问题进行深入的探讨。

然而,人们还是要问:即使$(\boldsymbol{f}_2 + \boldsymbol{f}_3 + \cdots)$比$\boldsymbol{f}_1$小很多,是不是它就不重要呢?是不是就可因此而将其视为次要因素而被忽略呢?这个问题直到20世纪70年代以后,由于非线性科学的发展才得以解决(详见第七章)。现在我们知道,"小"并不一定等于"次要";"大"也不一定等于"主要";而且在一定条件下或一定领域里,"大"和"小"以及"主要"和"次要"是可以相互转化的。以飞机为例,在飞机的某些地方拿掉一大块并不会影响其正常飞行,但在某些地方只要拿掉很小一块,哪怕是一颗很小的螺丝钉,飞机可能就会掉下来。在这个例子中,重要性并不能以体积大小和质量轻重来论的。迄今为止,已有很多事例可以证明:经典物理学中的这种形而上学研究方法有时会引起严重问题的。

不过,经典物理学所取得的巨大成就也告诉人们:形而上学的研究方法是科学研究中的重要方法之一,不仅在很多情况下它是有效的,而且在很多情况下也是我们所不得不采用的,尽管它的名称不是十分动听。因此在自然科学的研究过程中,要求科学工作者既要学会全面地看问题,也要学会片面地看问题!

2. 归纳推理与守株待兔

(不完全)归纳推理的一般过程可归结为如下公式:

S_1 是 P

S_2 是 P

S_3 是 P

……

S_n 是 P

$S_1, S_2, S_3, \cdots, S_n$ 是 S 类的部分对象

所以,整个 S 都是 P!

上式中, n 是归纳的事例数, 如图 1.6 所示。

我们来看一看当年牛顿的万有引力定律是如何推得的:

地球与月球之间是相互吸引的,

地球与太阳之间是相互吸引的,

地球与火星之间是相互吸引的,

太阳与月球之间是相互吸引的,

土星与土星的卫星之间是相互吸引的,

太阳与哈雷彗星之间是相互吸引的,

天狼星与天狼星的伴星之间是相互吸
引的,

………

图 1.6　归纳推理示意图

所以,任何两个物体之间都是相互吸引的!

在上述例子中,牛顿用已知的几个天体之间存在相互吸引作用的事实推出了著名的万有引力定律:宇宙中任何两个天体之间均存在相互吸引作用。这种推理方法在科学研究中是十分有效的,因而被广泛采用。事实上,在绝大多数情况下也是不得已的,在上述例子中,我们的研究是不可能穷尽宇宙间的所有天体的。

另一方面,由于归纳推理是从有限个结论推出所有,因此在逻辑上是有严重缺陷的,在历史上也曾给人类带来了不少麻烦。"热寂说"的终结就是一个极好的归纳推理失效的例子(详见 1.2.4 节)。在没有任何证明的前提下,当时的人们简单地将热力学第二定律应用到了整个宇宙,推得"宇宙最终将进入温度处处均匀的热寂状态",这一结论立即导致了"上帝创造宇宙"的唯心主义观念,当然是错误的。事实上,迄今为止我们还没有任何证据可以证明:在地球上,在有限的时间和空间中得到的热力学第二定律可以推广到整个宇宙的任何地方。有过沉痛教训的现代人常常警戒自己:茫茫宇宙,我们究竟已了解了多少呢?

由于在逻辑上的不严密性,长期以来归纳推理受到了来自各方面的批判和质疑。

习惯苛刻的逻辑学家们当然不会放过这一机会。波普尔曾经这样说过:

"从逻辑的观点看,从个别陈述中,不管它有多少,推论出一般陈述来,显然是不合理的,因为用这种方法得出的结论总是可以成为错误的"[《科学发现的逻辑》科学出版社,1986 年版]。在大学"逻辑学"课程的讲坛上,教授们经常喜欢列举如下例子:有一位主人养了一只鸡;主人今天早上喂鸡一把米,明天早上喂鸡一把米,……,三个月过后的第 n 天早上也喂鸡一把米;那么在第 $n + 1$ 天的早上,那只鸡得到的是否还是一把米呢?从中我们不难看出逻辑学家对归纳推理方法的忧虑程度。当然,这种"忧虑"也不是完全没有道理,因为在历史和现实中的确存在不少的反面例子。

传说战国时期的宋国有一位农夫,有一次看到一只野兔在奔跑时不小心撞死在一个树桩上,那农夫十分欣喜,他放下手中的农具在那里长时间地等待,希望今后能一次又一次地得到撞死的野兔(《韩非子·五蠹》),如图 1.7 所示。后人用这个典故来嘲讽那些存在万一侥幸心理,幻想得到意外收获的人。在上述古老的传说中,那位农夫显然采用了归纳推理,其推理过程如下:

因为今天有一只野兔撞在这个树桩上,

所以明天还会有一只野兔撞在这个树桩上,

所以后天还会有一只野兔撞在这个树桩上,

……

图 1.7 "守株待兔"图

很明显,在上述归纳推理中,归纳事例数 $n = 1$。

传说归传说,现实还是现实,在科学技术高度发展的今天,人类对归纳推理的应用是不可避免的,但人们对它的谨慎程度也是日益剧增的。

3. 伽利略科学方法论

在前面的几节中,我们剖析了在自然科学中所广泛采用的研究方法的种种缺陷,从逻辑学角度来讲,此类研究方法似乎是不严谨的,因而其结果的可靠性遭到了来自多方面的质疑。但另一方面,几百年来,科学家们采用这些研究方法所得到的结果又在实践中表现得十分可靠,让人放心。对于这一点,即使是作为严密性使者的逻辑学家和数学家们也是不得不承认的,否则还有谁敢去乘坐危险的飞机,还有谁愿去购买昂贵的电器呢?

　　用"不严谨"的方法得到了大家放心的"可靠结果",其中的矛盾是明显的。人们不仅要问:既然"形而上学"和"归纳推理"是不严谨的方法,那么为什么由此而得到的结果却又是十分可靠的呢? 伽利略所倡导的严谨的科学研究方法为我们作出了回答。

　　意大利物理学家伽利略曾经对一系列经典力学的重大基础性问题的解决作出过不可磨灭的贡献,例如他发现了自由落体规律、相对性原理、惯性定律、单摆周期等等。更重要的是,他倡导了物理学以及所有自然科学行之有效的科学研究方法。这种方法至今仍然是自然科学家所必须遵循的准则。正如爱因斯坦所说:伽利略的发现以及他所采用的科学推理方法是人类思想史上最伟大的成就之一,而且标志着物理学的真正开端。现在,人们已无法统计出在物理学中有多少划时代的成果是在伽利略的科学方法指导下获得的,难怪许多意大利人都自豪地以为物理学的真正发源地是意大利。

　　伽利略开创的近代科学研究方法可归纳如下:

- ·对自然现象进行精确观测,总结出规律;
- ·提出理论假说,定量解释实验规律;
- ·利用数学和逻辑得到推论;
- ·对推论进行客观、可重复、精确定量的实验检验;
- ·修改理论及假说;
- ·实验检验理论及假说;
- ……

　　世界是物质的,物质始终是运动着的,物质的运动是有规律的,这种规律是可以被人所认识的。这是人们公认的一般哲学原理。自然规律是可以重复的,而且是可以精确、定量、客观地重复。伽利略首先倡导的科学研究方法,通过精确、定量、客观可重复的实验和理论的循环检验,逐渐提炼出物质运动的主要因素,逐渐逼近可重复的客观规律,从而使理论无限逼近客观真理! 换言之,伽利略的科学方法论把形而上学、归纳推理等研究方法的本征缺陷减小到了极限。因此

$$形而上学 + 伽利略科学研究方法 \neq 形而上学$$
$$归纳推理 + 伽利略科学研究方法 \neq 守株待兔 \tag{1.14}$$

伽利略所倡导的理论和实验相互精确、定量、客观可重复的印证方法,被认为

是现代精确科学研究的最佳方法,用这种严谨方法所得出的结论是建立在强有力的实验规律基础之上的,因此是可靠的。

在社会科学领域,人们遵循"实践是检验真理的唯一标准"的原则;而自然科学则强调"实验是检验真理的唯一标准"。"实践"与"实验"的区别在于后者必须是"精确定量、客观可重复"!

我们再回过头来仔细剖析一下前面提到过的故事"守株待兔"。在农夫的推理过程中,有两个主要缺陷:

(1)归纳事例数 $n=1$,不可多次客观重复;

(2)推理没有精确定量。

假如那位农夫第一天发现有一只野兔撞在这个树桩上,第二天也发现有一只野兔撞在这个树桩上,第三天也发现有一只野兔撞在这个树桩上,……,第 n(这里的 n 是可任意选的)天也发现有一只野兔撞在这个树桩上;而且每天撞在树桩上的野兔的颜色、形貌、体积、质量、奔跑速度、加速度、运动轨迹、每天出现的时间等参量均可精确、定量、客观可重复的话,那么,那位战国农夫在第 $n+1$ 天时再收获一只野兔就完全是可能的了。

综上所述,只有采用伽利略倡导的科学研究方法来进行科学研究,其结果才是可靠的。由于这个原因,直至今日,伽利略科学研究方法仍然是一切自然科学所必须遵循的研究方法;也由于这个原因,长期以来,"科学"一词在人们心目中与"真理"一样神圣,一样崇高。

只要我们稍加留意就会发现:目前社会上很多人十分喜爱将"科学"这一名词用作形容词,诸如"科学数据","科学成果","科学理论","科学产品","科学工艺",等等。但是并不是所有的人都能意识到:这样做法的前提是必须采用伽利略倡导的严谨的科学研究方法,否则,"科学"以及所有被她修饰的名词将变得毫无意义。

当然,对于不同的学科;上面所讲的"严谨性"既有普适性,又有相对性。一般来说,对于人文社科,"严谨性"更多的是偏重于它的逻辑性和因果关系;而对于理工学科,"严谨性"则更多的是体现在它的"精确、定量、客观可重复"性。

4.科学方法的局限性

上面我们谈到了伽利略科学研究方法把形而上学、归纳推理等的本征缺陷减小到了极限,它可使我们的理论无限地逼近客观真理。但是我们必须清醒地认识到:由于我们在实际研究过程中不可避免地采用了"形而上学"、"归纳推理"等逻辑上有漏洞的方法,不管我们如何增加归纳事例数 n 的值,也不管我们如何抓住最主要的矛盾,伽利略科学研究方法只能帮助我们把形而上学、归纳推理等的本征缺陷减小,但永远不可能减小到零;我们所得到的理论也只能逼近客观真理,永远不可能到达绝对真理! 所以科学研究所得到的结果只能是相对可靠,永远不可能做到完全正确和绝对可靠,就如同我们人类将永远无法保证任何一艘太空飞船的发射会绝对成功一样! 在人类科学发展的历史长河中,从来没有见过诸如"没有误差的测量"、"绝对可靠的试验"、"完美无缺的思想"和"放之宇宙而皆准的理论"。经典物理学已被二十世纪发展起来的现代物理学所科学修正;人们已经注意到:受人们敬畏、精确度惊人的相对论和量子力学也存在许多局限性。在不远的将来,这两块现代高科技的巨型基石也必将被更先进的理论所科学否定(详见 2.4 节)。

5. 严谨的科学作风

"科学理论"之所以能和"真理"齐名是因为获取它的方法的严谨性,即采用了伽利略倡导的以实验事实为基础,实验和理论相互证明的方法,而且这种证明是精确、定量、客观可重复的。如果在实验和理论之间发生矛盾,首先应考虑实验事实为第一判据。在科学研究过程中,任何人,任何理论都必须服从实验的精确检验,服从真理的最终判决。

因此在自然科学的学术性论文中,经常可看到诸如 "Based on the experimental results above, we suggest that...", "Figure 3 shows that the calculating result fits the experimental data very well and therefore...", "This simulation result is in good agreement with the experimental findings shown in Fig. 2, indicating...", "This conclusion is also supported by the experimental data in table(I)..." 之类的语句,而很少看到类似"孔子曰:……","中国有句古语:……","柏拉图指出:……","牛顿认为:……","爱因斯坦曾经说过:……","人们相信……"那样的话,因为若要证明某个理论的真伪性,谁怎么说并不重要,重要的是事实怎么说,真理怎么说。我们不能要求任何一位伟大人物在他的一生中必须"句句是真理",这未免太苛刻了! 正因为这个原因,用伟人的话来作为推理的证据是不逻辑的,名人的语录与事情的真伪应该没有必然的因果关系。

另外,在学术性的科学论文中也不太会出现类似 "I promise you...", "I am very sure that...", "We strongly believe that...", "It is said that..."等主

观性很强的语句,因为在科学研究中,主观必须服从客观,"某人的保证","许多人的坚信不移",甚至"权威杂志报纸的转载"等丝毫推导不出此事件的真伪性。

1.1.5 牛顿科学观

1. 因果决定论

在牛顿以前,哥白尼和开普勒均信奉"简洁性"与"和谐论"。他们首先习惯于提出一个无法证实的准则,即上帝应该是很完美的,由上帝主宰的自然运动规律应该是"和谐而简洁"的。哥白尼之所以提出太阳中心说,其主要动力是因为如果将中心从地球移到太阳,则行星运动轨道将更为简单,并且可避免地心说中的行星逆行问题。正如哥白尼自己所说的那样,日心说显示了"令人欣赏的对称性"和"清晰的和谐性"。

然而,牛顿的科学观则是因果决定论。他认为世界万物的运动均是统一的,所有的结果都是由明确的原因引起的,只要知道物体的初始状态,利用牛顿三大定律、万有引力定律以及微积分,便可精确预言之后任何时刻该物体的运动状态和位置。只要你愿意,预言的精确程度可无限地提高,且在这一过程中,因果关系十分明确,运动规律也完全确定。牛顿开创了因果性科学观的完整体系,揭示了自然世界在这一层次的深刻规律。直至 20 世纪初期,牛顿的这种因果决定论仍统治着整个物理学乃至自然科学的发展。

量子力学诞生初期,微观粒子所显示出来的波粒二象性实验事实迫使物理学家重新考虑牛顿的因果决定论。最终,人们不得不放弃在微观领域中单个事例的因果决定论,进而采用了波函数统计规律的因果决定论(详见第 2 章)。

随着 20 世纪物理学的飞速发展,自然规律的"简洁性"、"和谐性"、"对称性"等哲学观念又重新主导了物理学的发展。例如英国物理学家狄拉克(P. A. M. Dirac)应用"对称性"的信念,发现了描写相对论费米粒子的狄拉克方程;奥地利物理学家泡利(W. Pauli)应用"对称性"原理预言了"正电子"的存在;爱因斯坦的相对论中也处处包含着和谐、对称、完备等哲学观念;目前物理学家们正在寻找的反物质和正在建立的大统一理论也无不与此有关。从中我们可以看出自然科学哲学观的重要意义。

2．绝对时空观

时间表征物质运动的持续性，空间则是反映物质运动的广延性。

这是对时间和空间的最一般性定义。然而如果对时空的描述仅仅停留在这一层次，则必然会让人觉得粗糙和简单。

牛顿定律并不适用于所有参照系。习惯上，人们把牛顿定律适用的参照系称作惯性系。例如，实验已经证明，在以太阳为基准的参照系中，牛顿定律的精确程度远远高于以地球为参照系的牛顿定律的精确程度。因此，牛顿曾假想：在恒星所在的遥远的地方，或者在它们之外更遥远的地方，可能有某种绝对静止的物体存在。这就意味着在宇宙深处有一个绝对不动的中心。假如以这个中心为参照系，牛顿定律将严格成立。在这样一个具有绝对静止中心的宇宙中，空间的大小也是绝对的，线性的，它不会随参照系的变化而变化。也就是说，空间大小不会随人们观察的方式而变化。同样，时间的流逝也是绝对的，它永远均匀流逝，与参考系无关。另外，在牛顿力学中，绝对的空间与绝对的时间之间没有任何联系，它们是两个毫不相关的物理量。物体在这样的绝对时空中的运动称为绝对运动。正如牛顿在他的《自然哲学的数学原理》一书中对他的绝对时空观的含义所作的详细描述：

绝对的真实的和数学的时间，由其特性决定，自身均匀地流逝，与一切外在事物无关……绝对空间，其自身特性与一切外在事物无关，处处均匀，永不移动。

现代科学证实，宇宙中根本不存在绝对静止的空间和物质，也不存在绝对流逝的时间。在爱因斯坦的相对论中，绝对的时间和空间是不存在的，时间和空间均具有相对的意义，即它们的大小均与参照系有关，而且时间和空间是相互联系和相互制约的。相对时空观的诞生是人类认识史上的一次革命，也是爱因斯坦相对论学说中的精髓所在，它揭示了时空之间极其深刻的相互关联。不过，在牛顿时代，为了建立当时的经典力学体系，引入绝对时空观是完全必要的，它在低速、宏观、弱引力场的范围内是十分精确而有效的，是一个相对真理。正如爱因斯坦所认为的那样，这是在那个时代"一位具有最高思维能力和创造力的人所能发现的唯一道路"。

1.2 冷热现象

人类对火的利用可以追溯到远古时代。在周口店北京猿人的遗址中,可以看到约 50 万年以前原始人用火的遗迹。考古发掘出来的史前陶器以及上古时期的铜器和铁器都显示了人类文明起源于对火的利用。中国古代的燧人氏钻木取火传说以及古希腊普罗米修斯(Prometheus)的盗天火神话也说明了这一点。

人类利用火的历史远远早于人类对火和热现象本质的认识的历史。中国古代有一种"五行"学说,认为万事万物的根本是由水、火、木、金、土"五行"组成。这种学说最初见于《书经》洪范篇,传说是公元前 1 100 年左右箕子对周武王所说的话。据近代考古学考证,《书经》大概是公元前 400 年以前记载古代"传说"的书籍。五行学说与古希腊的四元素(土、水、火、气)说法很相似,四元素学说是赫喇利突斯(Heraclitus)在大约公元前 500 年提出的,他也把火当作自然界的一个独立的基本要素。

古希腊的另一学说认为火是一种运动的表现形式,这是根据摩擦生热现象提出来的,见于柏拉图的《对话》一书。这一学说被埋没了约 2 000 年之久,直到 17 世纪,当实验科学开始兴旺的时期,才得到了一些哲学家和科学家的支持。其中表达最明确的是英国的培根(F. Bacon),他认为热是物体微小粒子的运动。17 世纪以后,人类对火与热现象的研究走上了快速发展的正确道路,热现象的深刻本质开始逐渐被人们认识。

1.2.1 温度与热量

温度与热量是两个极其深刻的联系宏观与微观系统的概念,在历史上曾长期引导人们走进误区。18 世纪初,欧洲的航海和贸易业飞速发展,钢铁和动力源的需求大大增加,这极大地推动了对热现象的研究。

伽利略发明温度计之后,人类对热现象的研究走上了精确定量的科学道路。当时,对热现象的本质的认识有两种观点——"热质说"与"热动说"。"热质说"认为,热是一种没有质量的流质,名叫热质(caloric),它可渗入一切物体之中,也可从一个物体流到另一物体,但热质总量守恒,不可产生,也不可消灭,热质越多,物体的温度越高,热量也越多。"热质说"成功地解释了有关热传导、热膨胀以及量热学的一些实验现象,但由于它不能解释摩擦生热现象,因此不可能得到科学界的普遍承认。

"热动说"的形成经历了一个漫长的过程。首先用直接实验结果驳斥"热质说"的是英国的伦福德伯爵(Count Rumford),他 1797 年到慕尼黑兵工厂监制大炮膛孔时发现,制造枪炮所切下的碎屑温度很高,而且在不断切削时,高温碎屑不断产生,因此他在 1798 年发表了一篇论文,认为热只能是一种微粒运动。伦福德的论文发表以后,并没有被人们立即接受。半个世纪以后,英国物理学家焦耳(J. P. Joule)重复了这一类实验,精确测得了热功当量,建立了能量守恒定律,彻底动摇了"热质说"的根基,使"热动说"逐渐站住了脚跟。按照"热动说"的观点,温度是物体内分子运动快慢的标志。温度越高,物体内分子运动越剧烈;温度越低,则分子运动速度越小。因此,温度是与大量分子的平均动能相联系的,是大量分子运动的集体表现,对单个分子来说,温度是没有意义的。

按照"热动说",从本质上讲,热量是传递给一个物体的能量,它是物体的分子运动动能的总和,它以分子热运动的形式储存在物体中。如果传给某物体的热量为 Q,则意味着该物体中所有分子运动动能的总和增加了 Q。热量的单位即是能量的单位。历史上曾规定用"卡"(cal)作为热量单位:即在标准大气压下使 1 克纯净水的温度从 14.5℃升到 15.5℃所需的热量。后来,在国际单位制中,人们用"焦(耳)"作热量的单位,记作"J"。

"热动说"的正确性是建立在严格的实验数据基础上的。物理学家焦耳为此作出了关键性的贡献,他以精确、定量、可重复的巧妙实验测定了热功当量,给出了多少机械功可使物体的升温效果与 1 卡热量的升温效果相当的数据。在 1840~1878 年间,他通过磁电机实验、桨叶搅拌实验、水通过多孔塞实验、空气压缩和稀释实验等多种方法,实验 400 余次,测得了大量的热功当量的数据,最终给出热功当量的精确结果,即 1 卡热量相当于 4.154 焦(耳)的功。为此,焦耳奋斗了共 38 年。

温度的数值表示法称作温标。目前被广泛采用的温标有以下几种。

(1)摄氏温标:单位为"摄氏度",记作℃,它是瑞典天文学家摄尔修斯(A. Celsius)在 1742 年建立的。这个温标规定:在一个大气压下,纯净水的冰点为零摄氏度,即 0℃;纯净水在一个大气压下的沸点为 100℃。

(2)华氏温标:单位为"华氏度",记为℉,它是德国物理学家华伦海特(G. D. Fahrenheit)在 1714 年建立的。这个温标把一个大气压下的冰水混合物的

温度规定为 32 华氏度,即 32℉;而把一个大气压下水的沸点规定为 212℉。华氏温度和摄氏温度的关系为

$$℃ = \frac{5}{9}(℉ - 32) \tag{1.15}$$

目前,华氏温标仅英、美两国使用。

(3)热力学温标:一个理想的温标应和物质属性无关,开尔文(W. T. L. Kelvin)根据卡诺定理(见下文),创立了完全不依赖于物质属性的热力学温标,其中将温度单位定为"开(尔文)",记作"K"。1954 年,国际计量大会决定:规定水的固、汽、液三相共存点的热力学温度为 273.16K。热力学温标的温度与摄氏温度的关系为

$$0℃ \approx 273 \text{ K} \tag{1.16}$$

【例】 据热力学计算,在 20℃ 和一个大气压条件下,每个空气分子的平均速率约为 $v \approx 450$ 米/秒。

【例】 在 0℃ 和一个大气压条件下,氢分子的平均速率为 $v \approx 1800$ 米/秒。

表 1.1 宇宙间的部分特征温度值

系　　　统	温度 T
约 150 亿年前的宇宙大爆炸	$>10^{39}$ K
太阳中心(也即原子弹氢弹爆炸温度)	$10^7 \sim 10^8$ K
太阳表面	6000 K
纯铜熔化	1356 K
水—汽转变(一个大气压)	100℃ ≈ 373 K
人体	37℃ ≈ 310 K
地球表面平均温度	15℃ ≈ 288 K
水—冰转变(一个大气压)	0℃ ≈ 273 K
氮气转变为液氮(一个大气压)	77 K
氦气转变为液氦(一个大气压)	4.2 K
今天的宇宙温度(微波背景辐射温度)	2.735 K
现代高科技能达到的最低温度	10^{-8} K

表 1.1 中列出了宇宙间的一些特征温度值。从中可以看出,茫茫宇宙自诞生以来,其温度已跨越了 39 个数量级。人类目前所能实现的温区在 16 个数量级以上。在不同的温区,有不同的物质形态、不同的物质运动规律。遗憾的是,

具有智慧功能的生命形态是如此之脆弱,她只能诞生在一个极其狭窄的温度区间(即至多在 $-50℃ \sim 50℃$ 之间)。因此,宇宙间除地球之外的其他星球具有生命的可能性应该是十分微小的,因为"生命摇篮"的条件太苛刻了。千百年来,人们向往"天堂"的奇异美妙,其实天上的气温条件极其恶劣,并非人类的久留之地。现代天文学告诉我们:至少在方圆几光年的范围内,唯有地球才是人类理想的家园。我们盼望这几乎是人类唯一的栖身之地能"地久天长"!

1.2.2 热力学第一定律

1. 热力学第一定律——能量守恒的一种形式

能量守恒是自然界中最为普遍的规律。经过长期的探索,人类终于在 19 世纪揭示了这一规律,这是与达尔文进化论齐名的伟大发现,而热力学第一定律是能量守恒定律在有关冷热现象系统中的一种形式。

在物理学中,利用热量消耗而做功的动力源被称为热机,它包括蒸汽机、汽油机、温差电源等等。我们知道,地球上的一切动物(包括我们人类)需要不断进食碳水化合物,后者经过和空气中的氧气发生氧化反应而产生热量,从而提供生命得以维持的能源。从这个意义上说,动物也是一种特殊的热机。

我们设想在一个高温热源和一个低温热源之间工作着一台热机,高温热源的温度为 T_1,它是提供能量的主体;低温热源的温度为 T_2,它是吸收热机做功以后的剩余热量的主体,如图1.8所示。对于蒸汽机来说,高温热源即为处于高温和高压下的水蒸气,低温热源即为处于室温的空气;对于汽油机而言,高温热源则是经压缩而燃烧的汽油,而低温热源为机外的室温空气。假设热机从高温热源吸取热量 Q_1,向低温热源释放出剩余热量 Q_2,对外做功为 A,如图 1.8 所示,则热力学第一定律指出:在这一过程中,总能量守恒,即

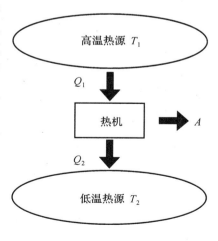

图 1.8 热机做功示意图

$$Q_1 = Q_2 + A \qquad\qquad (1.17)$$

因此,上式是能量守恒的一种形式。

在资本主义发展初期,人们曾经幻想制造一种机器,它不需要任何动力和燃料,却能不断对外做功,即 $Q_1 = Q_2 = 0$, $A \neq 0$,这种机器称为第一类永动机。然而根据(1.17)式,做功必须由能量转化而来,不能无中生有地创造能量。因此,尽管许多人曾尝试制造永动机,但最终还是失败了。

2.卡诺定理

17世纪末,法国人巴本(Papin)率先发明了巴本锅和蒸汽泵;18世纪末,英国人瓦特给蒸汽机增添了冷凝器,并发明了活塞阀、飞轮、离心节速器等,使蒸汽机真正成为了动力源。但直至19世纪初,蒸汽机的效率仍是很低的,一般只有3%～5%左右,即95%以上的热量都没有得到利用。这一方面是由于散热、漏气、摩擦等因素损耗了能量,另一方面是蒸汽机在做功的同时必须向低温物体释放一部分热量。为了提高热机效率,人们作了长期不懈的努力,从1794～1840年,蒸汽机的效率从3%增加至8%,但这仍然远远比人们所期盼的效率要低。

卡诺(S. Carnot)是一位年轻的法国炮兵军官,他是研究热机效率的幸运者。他要探索的是如何利用较少的燃料来获得较多的动力,进而提高经济效益。

卡诺假设有一种理想热机,称作卡诺热机,这种卡诺热机的工作物质只与两个恒温热源(恒定温度为 T_1 的高温热源和恒定温度为 T_2 的低温热源)交换能量(见图1.8),即假设没有散热、漏气等因素存在。卡诺从这种理想的热机出发,对热机的热效率进行了系统的理论研究,最终他得出了著名的卡诺定理,该定理指出:

卡诺热机的工作效率 η 为

$$\eta = \frac{Q_1 - Q_2}{Q_1} = \frac{T_1 - T_2}{T_1} \qquad\qquad (1.18)$$

而一切热机的工作效率不可能大于卡诺热机的效率(见图1.8)。

值得一提的是,卡诺定理中并没有指明热机的种类,这意味着它对一切热机均是适用的。它告诉我们:要提高热机的效率,必须增加高温热源与低温热源的温度差。

对于大部分热机而言,如蒸汽机、汽油机等,低温热源的温度 T_2 即为室温。因此,为了提高热机的效率,除了要减小机器的摩擦和漏热之外,还应最大可能地提高燃油和燃煤时所产生的温度,即提高高温热源的温度 T_1,才能有效地增加热机效率。

【例】 设某蒸汽机锅炉的温度为 503K,冷却器温度为 303 K,则该蒸汽机的最高效率为

$$\eta = \frac{T_1 - T_2}{T_1} = \frac{503 - 303}{503} \approx 40\% \tag{1.19}$$

实际上,由于各种损耗,其效率远比此值低。现代工业使用的蒸汽机的效率仅为 $12\% \sim 15\%$ 左右。

1.2.3　热力学第二定律

1. 自然现象的不可逆性

长期以来,人们期盼着美好的自然现象有朝一日可以逆转,犹如时间倒流一般,但却无法如愿。经验告诉我们,许多自然现象均是不可逆的。

何谓可逆与不可逆性?把自由膨胀的气体压缩回去,把掉下来的皮球再抛向空中等过程是不是可逆?物理学对此有严格的定义:一个系统由某一状态出发,经过某一过程达到另一状态;如果存在另一过程,它能使该系统回到原来的状态,同时消除系统对外界引起的一切影响,则原来的过程称为可逆过程。反之,如果用任何方法都不可能使系统和外界完全复原,则原来的过程称为不可逆过程。按照这样的定义,严格说来,一切自然现象均为不可逆过程。

将一盐块放入一杯清水中,过若干时间后,盐分子(氯离子和钠离子)和水分子会自动均匀混合,这便是一个典型的不可逆过程。因为这杯水和盐永远不可能再自动分开。当然,我们可以通过加热分馏水的方法,将盐和水再次分开,但为此外界必须对它做功,提供能源,这样外界的状态又无法复原了。

将一杯温度为 T_1 的热水和一杯温度为 T_2 的冷水相互接触,冷热水接触后,热水会将热量自动传向冷水,因此热水温度会逐渐降低,而冷水温度会逐渐升高。若干时间后,两杯水趋于同一温度 T,且 $T_1 > T > T_2$。这是一个自动过程,外界不必与它发生任何关系,但其逆过程却不可能自动发生。我们永

远不可能看到这样的现象:两杯冷热水接触之后,热水会越来越热,冷水会越来越冷。值得注意的是,这一不可能自动发生的过程并不违反能量守恒定律,因为热水杯中水温升高的热量可由冷水杯中水的温度下降而提供的能量来补偿。

当然,如果需要,我们是有办法使达到稳定温度 T 的热水杯中的水重新升温至 T_1,使冷水杯中的水重新降温至 T_2。例如,我们只要在两杯水之间加一致冷装置,就可使两杯水完全回到原先的状态,但此时外界必须付出代价,为这一逆过程提供能量。因此,按照上面的定义,这一过程也为不可逆过程。

另一个例子是摩擦生热。实验证明:机械能可以通过摩擦过程全部转化为热量。但根据上一节的卡诺定理,由于热机效率不可能等于1,故热量不可能全部转化为机械能。

无数事实证明:自然界发生的一切过程均有方向性,沿某一方向可以自发进行,反过来则不可能,尽管两者均不违反能量守恒定律。换言之,违反能量守恒定律的过程是不可能发生的,但不违反能量守恒定律的过程未必能发生,热力学第二定律把这一有关物理过程方向的自然规律进行了概括和揭示。

克劳修斯(R. Clausius)在1850年提出了热力学第二定律的一种表述:

不可能使热量从低温物体传到高温物体而不引起其他变化。

1851年,开尔文提出了热力学第二定律的第二种表述:

不可能从单一热源吸取热量,使之完全变为有用的功而不产生其他影响。

实际上,上述两种表述是完全等价的,这一点物理学已给予了严格的证明。

开尔文表述的意义是十分明显的。假如我们能从单一热源吸取热量,并将它全部变为有用的功,即 $Q_2=0$,$Q_1=A\neq0$(见图1.8),我们就可以设计出一种不违反能量守恒定律的热机,它能用稍微降低海水温度所得来的热量来做功,那么该热机所提供的能源实际上是取之不尽,用之不竭的。这种热机的工作原理并不违反能量守恒定律。人们把这种从单一热源吸热而做功的热机称为第二类永动机,以区别违反能量守恒定律的第一类永动机。按照上述热力学第二定律的开尔文表述,第二类永动机是不可能制成的,美好的愿望永远只能是"愿望"而已。

统计物理学对热力学第二定律进行了更深层次奥秘的揭示:宏观现象的

不可逆性是由于系统的微观状态自发地从有序趋向无序而导致的。一个孤立系统,如果没有外界干预,其微观状态永远是自动趋向无序。例如盐块在放入水中之前,氯化钠分子与水分子是相互分开的,因此是有序的。当盐块放入水中之后,氯化钠分子会自动地溶解于水分子之中,时间越长,两种分子混合越均匀,微观状态越无序。

2. 熵增加原理

现在,我们可以把热力学第二定律讲得更具体一些:

孤立系统的一切自发过程均向着其微观状态更无序的方向发展,如果要使系统回复到原先的有序状态是不可能的,除非外界对它做功。

1850 年,克劳修斯建立了热力学,总结出了热力学第一和第二定律。1854 年,他进一步引进了"熵"的概念。熵是一个很抽象但又十分重要的与系统状态有关的函数。统计物理学对此有严格的数学定义。就定性来讲,熵是一个系统微观状态混乱程度的函数,微观状态越混乱,则该系统的熵值越大,反之则越小。按照热力学第二定律,在没有外界干预的情况下,一个孤立系统总是自发地向更无序的状态发展。换言之,孤立系统的熵值永远是增加的(更精确地讲,应该是永远不减少)。这便是著名的熵增加原理,也可以认为是热力学第二定律的另一种表述。

熵增加原理揭示了事物发展方向的深刻规律:事物发展有一种自动趋向无序的属性,这种属性不仅对研究物理过程,而且对化学过程、生命过程乃至社会现象的研究都具有指导意义。由于这个原因,读者将会在很多的书籍中遇到所谓"熵增加原理",但毫无疑问,它源于热力学第二定律。

1.2.4 热寂说的终结

热力学第二定律的巨大成功使物理学家对由它推论的一切结果深信不疑。按照热力学第二定律,宇宙中的高温物体都将自动地将热量传向低温物体,最终整个宇宙将趋于温度均匀,进入所谓的"热寂"。按照卡诺定理,宇宙进入热寂以后,一切热机(包括生命过程)的效率将在这个处处温度均匀的环境中降为零,宇宙也随之死亡。这个可怕的宇宙末日曾引起了人们的极度不安。这种不安并不是因为热寂将会导致多少亿年之后人类的灭亡,而主要是因为它在理论上造成了极度的混乱。

人们无法接受这一推论的原因有两个方面:一方面,如果承认宇宙中的时间流逝具有平移不变性的话,即承认任何年代的时间均没有任何特殊性,那么宇宙应基本上处于一个整体的静止状态,这样才能保证宇宙在时间上的无限性——或者永不进入热寂,或者早该进入热寂;另一方面,热寂说将会导致宇宙温度不平衡的起源是由于"上帝"创造或由于所谓"原始推动力"等唯心主义观念。历史上,热力学第二定律的发明者克劳修斯也曾为此受到了来自多方面的讨伐。

经过100多年的折磨之后,物理学家终于清醒了。事实上,热力学第二定律是在有限空间和有限时间中得出的一个相对真理,其精确程度和适用范围的证明必定受到人类当时条件的限制,要把这样一个相对真理应用到一个我们并不十分了解的广阔的宇宙中去,就未免太不严谨了。直至今日,宇宙学理论仍远离完美,宇宙中的许多问题还远远没有明了。例如暗物质、宇宙奇点、类星体、宇宙膨胀以及引力系统的负热容性等仍然属于宇宙之谜。我们还无法回答热力学第二定律是否可被应用于黑洞中的物理过程,我们也不能预言类星体中热力学第二定律的精确程度(如果它仍然成立)。宇宙的奥秘是无穷无尽的,人类对宇宙奥秘的探索也是永无止境的,人们所获得的一切真理均具有相对的意义,在人类科学史上,还从未见过能"放之宇宙而皆准"的绝对真理。

1.3 电磁波

早在2 000多年前,有关电和磁的现象就已被人们所察觉,并在不知其所以然的情况下被逐渐应用到了许多领域。18世纪以后,人类对电磁现象的研究开始走上了科学的轨道。19世纪中叶,经过大量的实验研究,已总结出一系列重要规律,如库仑定理、安培定律、毕奥-萨伐尔定律、电磁感应定律等等。随后,英国物理学家麦克斯韦(C. Maxwell,1831~1879)在总结前人成果的基础上,大胆地提出了"涡旋电场"和"位移电流"的假设,建立了经典电磁场理论。该理论预言了以光速传播的电磁波的存在,提出了光是一种电磁波的思想,彻底推翻了电和磁的"超距作用"观点,从而使电、磁、光三者得以统一。

20多年后,德国物理学家赫兹(H. Hertz,1857~1894)从实验上证实了电磁波的存在,证明了光是一种电磁波的预言,为人类利用电磁波奠定了基础。

随后,无线电技术得到了迅猛的发展,如无线电通讯、无线电广播、无线电报、无线电话、无线控制等新兴技术很快进入了社会的各个领域。人类的通讯遥控范围穿透了高山,跨过了大海,跃出了大气层,冲出了太阳系,逐渐延伸至茫茫的宇宙深处。电磁波的发现和利用是物理学的一次重大革命,人类文明的历史在这里被划上了一道清晰的分界线。

1.3.1　电磁波的产生

1．静电与静磁

公元前约 585 年,古希腊哲学家泰勒斯(Thales)首先发现了被摩擦过的琥珀具有一种可以吸引细谷壳的性质。"电"(electricity)这个词就是来源于希腊文"琥珀"(ηλεκτρον)。约 2 000 年前西汉末年的《春秋纬·考异邮》中,也记载了"瑇瑁吸褋"的现象。"瑇瑁"即玳瑁,是一种与龟很相似的海生爬行动物,它的甲壳光滑且呈黄褐色,有黑斑,是一种"绝缘体";"褋"是细小物体之意,此语的意思是说受到摩擦的玳瑁能够吸引微小的物体。三国时期,吴国的虞翻曾发现"琥珀不取腐芥,磁石不受曲针"(《三国志·吴书》),其原因是腐烂的草含有水分而成为导体,故而不被带电的琥珀所吸引;一些较软的金属,如金、银、铜是非磁性材料,因此不会被磁石吸引。可见,虞翻的认识比前人又进了一大步,他初步认识到了自然界中的导体与绝缘体、铁磁性物质与非铁磁性物质的区别。

有关静磁(或稳恒磁场)现象的发现以及应用,古代的中国处于世界前列。

中国和希腊大致同时独立地发现了磁石吸铁的现象,但中国最早发现了磁石的指极性,并利用这一性质,发明了指南针。中国还最早发现了地磁倾角、地磁偏角和磁石的极性等。

春秋战国时期,约公元前 4 世纪成书的《管子·地数篇》中记载了"上有慈石者,其下有铜金"的现象。这里说的"慈"即为现在的"磁"。这是中国已发现的古籍中有关磁石和磁性矿的最早记载。公元前 3 世纪成书的《吕氏春秋·精通》中有"慈石召铁,或引子也"的记载。后来东汉高诱在《吕氏春秋注》中解释说:"石,铁之母也,以有慈石,故能引其子,石之不慈者,亦不能引也。"

战国时代的中国人已发现了磁体的指极性,并利用这一原理,制成了早期的指南针,当时称之为"司南"(见图 1.9)。这在公元前 3 世纪战国末年的《韩非子·有度》中即有记载:"故先王立司南,以端朝夕。"公元 1044 年前后,中国人发现了地磁偏角现象。在北宋大科学家沈括所著的《梦溪笔谈》中记载道:"方家以磁石磨针锋,则能指南,然常微偏东,不全南也。"沈括这里所说的针锋,也即现代的指南针。他的"常微偏东,不全南也"揭示了地磁偏角的存在。据专家考证:11 世纪沈括经常居住在长江中下游地区,该地区地磁偏角一般不超过 3°～4°。如此之小的角度偏差竟为之发现,表明沈括当时的测量已十分精细。

图 1.9　根据先秦、西汉时代典籍记载而复原的司南模型

现代科学已经证实:世界上存在两种电荷。一种为正电荷,另一种为负电荷。

例如电子所带的电荷为负电荷,而质子所带的电荷为正电荷。当然,这种正负号的规定是人为的,历史上最早是由富兰克林首先提出,一直沿用至今。两种电荷同性相斥,异性相吸,这是正负电荷的固有特性。

电荷有一个最小的电量单位,称为基本电荷,其值为 $e = 1.602 \times 10^{-19}$ 库(仑)。

任何物体所带电量均是这个基本单位的整数倍。正负电荷总量守恒,不可创生,也不可消灭。

电荷周围存在静电场,电力线由正电荷发出,到负电荷终止。电荷的相互作用就是通过电场来实现的。

电荷移动形成电流。1820 年,丹麦物理学家奥斯特(H. K. Oersted,1777～1851)发现了在稳恒电流周围存在稳恒磁场的现象,证明了磁场是由电流引起的。

作为例子,我们来考察一块天然磁石,天然磁石具有磁性,似乎看不到其中存在电流,其实不然。我们知道磁石内含有磁性的原子(如铁、钴等),这些原子的核外电子,一方面具有自旋;另一方面,当它们绕核转动时形成电流,从而导致原子周围的磁场。所以,所谓磁性原子就是指由核外电子绕核转动以及电子自旋所形成的磁场不能相互抵消而显示出固有磁性的原子。假如这些具有磁性的原子均定向排列起来,或大部分磁性原子定向排列起来,则整块磁石对外就显示出一个宏观的磁场,这就是磁石磁性的来源。

从上述静电和静磁的产生原理可知:静电和静磁相互独立,它们可以单独产生和单独存在,彼此之间也没有相互联系。

2. 电磁感应

奥斯特发现电流周围存在磁场之后,英国物理学家法拉第(M. Faraday, 1791~1867)立即联想到磁场是否可以引起电流? 他认为:一方面,各种电流都伴随有相应强度的磁作用,它的方向与电流的方向呈直角;而另一方面,若将良导体放入有磁作用的环境中,在导体内竟然不引起感应电流,也不产生可觉察的等效于这种电流的作用,这是很不可思议的。很明显,法拉第此时已将注意力集中在电流产生磁场的逆过程这一焦点问题上。经过 10 年艰苦的实验研究,他终于在 1831 年发现了电磁感应定律:

导体回路中的感应电动势 $\mathscr{E}$(即把单位正电荷从负极通过电源内部移到正极时,电源的非静电力所做的功)的大小与穿过回路的磁通量 Φ 随时间 t 的变化率 $\Delta\Phi/\Delta t$ 成正比,可用公式表示为

$$\mathscr{E} = -k\frac{\Delta\Phi}{\Delta t} \qquad (1.20)$$

其中 Δ 表示增量,k 为常数。上式告诉我们:对于稳恒磁场,即对于磁通量不随时间变化的磁场来说,它不会引起电动势的产生,引起电动势产生的原因是变化的磁场。

法拉第电磁感应定律的成功,使人类大规模地使用电能成为可能。随后,人们运用这一原理,制成了发电机,人类文明因此进入了一个崭新的电气化时代。

3. 交变电磁场的互相转换

法拉第电磁感应定律揭示了变化的磁场可以导致电动势的规律。那么,它的深层次原因是什么? 其中的非静电力又是什么? 当时的实验已经证明:感应电动势与导体的种类、性质以及形状完全无关,这说明感应电动势是由变化的磁场本身引起的。既然任意形状、任意金属材料的静止闭合线圈内的电子

在变化磁场中都受到一个非库仑力的电动势的
作用,那么可以推测:即使不存在导体回路,此
感应电动势仍然存在,如果在变化的磁场中放
一个静止电荷,该电荷将会受到一个感应电动
势的作用。由此,麦克斯韦提出了变化磁场在
其周围空间激发一种感应电场(或涡旋电场)的
假设,这种涡旋电场对电荷有力的作用。麦克
斯韦的这一假设已得到了实验的证实。现代高
能物理研究中使用的电子感应加速器就是利用
这一原理制成的,它用交变磁场在真空环形管
道中诱导涡旋电场,并用这种涡旋电场加速入
射其中的电子,使其达到某一能量,见图1.10。

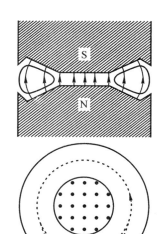

图 1.10　电子感应加速器

　　涡旋电场假设提出后,麦克斯韦并没有就
此结束他的研究。他敏锐地感觉到,这一现象
预示着有关电磁场的新效应。1862 年,麦克斯
韦在《论物理力线》一文中详细分析了电容器充
放电的实验过程,认为变化的电场也是一种电流,并称之为"位移电流";在产
生磁场这一过程中,这种位移电流与一般电流没有本质的区别。也就是说,随
时间变化的电场(即位移电流)会产生交变磁场。至此,麦克斯韦的交变电磁
场转换图象得以完美展示,它深刻地揭示了电场与磁场之间的相互联系。

　　变化的磁场激发涡旋电场,变化的涡旋电场又反过来激发磁场。1865
年,麦克斯韦的学术生涯达到了顶峰,他在《电磁场动力学理论》一文中率先把
电与磁统一起来,明确地提出了电磁场的概念,建立了普遍的电磁场动力学方
程组,即麦克斯韦方程组:

$$\nabla \times \boldsymbol{E} = -\frac{\partial \boldsymbol{B}}{\partial t} \quad ; \qquad \nabla \times \boldsymbol{H} = \boldsymbol{J} + \frac{\partial \boldsymbol{D}}{\partial t}$$

$$\nabla \cdot \boldsymbol{D} = \rho \quad ; \qquad \nabla \cdot \boldsymbol{B} = 0 \qquad (1.21)$$

式中,$\boldsymbol{E}$ 为电场强度,$\boldsymbol{B}$ 为磁感应强度,$\boldsymbol{D}$ 为电位移矢量,$\boldsymbol{H}$ 为磁场强度,ρ 是电
荷密度,$\boldsymbol{J}$ 为电流密度,上式中的 $\frac{\partial \boldsymbol{D}}{\partial t}$ 即为麦克斯韦假设的位移电流。麦克斯韦
对上述微分方程组进行了严谨的数学推导,得出了电和磁传播的波动方程:

$$\nabla^2 \boldsymbol{E} - \frac{1}{v^2}\frac{\partial^2 \boldsymbol{E}}{\partial t^2} = 0$$

$$\nabla^2 \boldsymbol{B} - \frac{1}{v^2}\frac{\partial^2 \boldsymbol{B}}{\partial t^2} = 0$$

$$(1.22)$$

上式中[①]，v 即为波速。既然电场 $\boldsymbol{E}$ 和磁场 $\boldsymbol{B}$ 的运动均满足波动方程，麦克斯韦立即预言电磁波的存在，并指出电磁波是一种横向振动的波动(即振动方向与传播方向垂直)。将电磁波速 v 与当时所测得的光速 c 相比较，两者完全一致，即 $v=c$。于是他得出重要结论：光与电磁波是同一本质的属性显示，光是按电磁规律传播着的电磁扰动。后来人们才知道：形式如此简洁的(1.21)式已经包含了所有的经典电磁规律，它揭示了一切经典电磁现象的深刻本质。当我们尽情欣赏如此美妙的方程组(1.21)式的同时，愿以著名物理学家杨振宁教授在他所著的"美与物理学"一文中对物理方程所表达的深切赞叹为伴奏：

"学物理的人了解了这些像诗一样的方程的意义以后，对它们的美的感受是既直接而又十分复杂的。它们的极度浓缩性和它们的包罗万象的特点也许可以用布雷克(W. Blake, 1757 - 1827)的不朽名句来描述：

To see a world in a grain of sand,

And a heaven in a wild flower,

Hold infinity in the palm of your hand,

And eternity in an hour.

它们的巨大影响也许可以用蒲柏(A. Pope, 1688 - 1744)的名句来描述：

Nature and nature's law lay hid in night.

God said, let Newton be!

And all was light.

可是这些都不够，都不够全面地道出学物理的人面对这些方程的美的感受。缺少的似乎是一种庄严感，一种神圣感，一种初窥宇宙奥秘的畏惧感。我想缺少的恐怕正是筹建哥德式(Gothic)教堂的建筑师们所要歌颂的崇高美、灵魂美、宗教美、最终极的美。"

---

　　① 这里给出微分方程组(1.21)和(1.22)，是为了让读者能领会到这些方程包罗万象的丰富内涵以及无与伦比的内在之美，读者如果忽略其数学涵义并不会影响对所述内容整体上的理解。

4．电磁波的产生和传播

从 1879 年起,德国物理学家赫兹开始了对电磁波及其特性的研究。他制作了独创的电磁波辐射器,当时被称为振荡器,还制作了电磁谐振器。借助这些装置,他成功了。1887 年,赫兹在柏林科学院的院会上宣布:他证明了麦克斯韦位移电流的存在,发现了传播在磁源以外空间的电磁场实际上就是电磁波。麦克斯韦在 22 年前预言的电磁波至此得到了实验的证实。

随后,赫兹悉心研究了电磁波的反射、折射、干涉、衍射、偏振等现象,并证明了它们的传播速度等于光速,同时他还用实验肯定了介质折射率和介电常数之间的麦克斯韦理论计算关系。这样,赫兹第一个证实了"光从其本质上说也是一种电磁波"的预言。

赫兹在实验中使用的振荡器如图 1.11 所示。其中 A 和 B 是两段共轴的黄铜杆,中间留有一间隙,间隙两边杆的端点焊有一对磨光的黄铜球,铜杆是振荡器的两极,接到感应圈的两极上。这一装置实际上如同一个开口的电容电感回路(即 LC 回路),两个小黄铜球之间构成一电容,感应圈既是电感,又是电源。当将回路充电到一定程度时,小黄铜球间隙被火花击穿,振荡开始,感应圈向回路提供高频高压电动势,在回路中形成交变电流,交变电流又诱导交变磁场,于是构成一个发射电磁波的偶极振子。在赫兹的实验中,振子的振动频率约为 $10^8 \sim 10^9$ 赫(兹),感应圈以每秒 $10 \sim 100$ 赫(兹)的频率一次次地使火花间隙充电,以补充因电磁辐射而损失的能量。

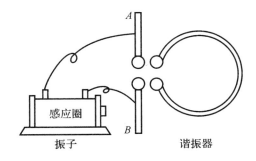

图 1.11　赫兹实验

为了探测由振子发射出来的电磁波,赫兹采用了一个圆形铜环,在其中也留有端点为球状的火花间隙,间隙距离可以调节,这种接收装置称为谐振器,如图 1.11 所示。将谐振器放在距振子一定距离以外,适当选择其方位,并使之与振子谐振(即调节铜球间隙距离)。赫兹发现,在发射振子的铜棒间隙有火花跳过的同时,谐振器的间隙里也有火花跳过。这样,他就从实验上首次观察到了电磁波在空间的传播[①]。

设想在空间某处有一个电磁振源,具有交变的电流或电场,它在自己周围激发涡旋磁场,由于这磁场也是交变的,因此它又在自己周围激发涡旋电场。交变的涡旋电场和涡旋磁场相互激发,闭合电力线和磁力线就像链条的环节一样环环相扣,在空间传播开来,形成电磁波,如图 1.12 所示。理论和实验均证明:图中的涡旋电场和磁场在传播时互相垂直,位相相同,且是一种横波。图中只画出一个方向,实际上电磁波是以振子源为中心,向空中任何方向以光速传播的球面波。理论计算表明:偶极振子的电磁波辐射功率 P 与频率 f 的四次方成正比,即

$$P \propto f^4 \tag{1.23}$$

可见频率越高,辐射功率越大,因此,应用于广播电视的电磁波频率一般都在几百千赫(兹)以上。

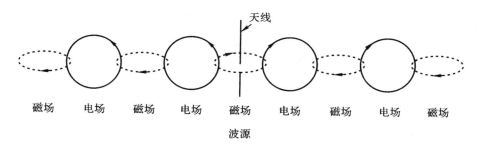

图 1.12　电磁振荡的传播示意图

1.3.2　电磁波谱

自从麦克斯韦的开创性工作以后,电磁场理论和实验研究得到了飞速的

①　赫兹小时候曾跟一位师傅当过车工。当他的母亲告诉这位师傅,她的儿子现已成为一名物理学教授时,那位师傅十分遗憾地说:"啊,太可惜了,他本来会成为一名非常出色的车工的。"

发展,它不仅证明了光是一种电磁波,而且发现了更多形式的电磁波。例如,1895 年伦琴(W. K. Röntgen,1845—1923)发现了一种新型波动,后被称之为 X 射线,它是一种波长约 10^{-10} 米左右的电磁波;1896 年贝克勒耳(H. Becquerel,1852—1908)又发现了波长更短的电磁波——γ 射线等等。从本质上讲,它们与其他电磁波完全一样,只是波长 λ(或频率 f)不同而已。为了对各种电磁波有全面了解,现代物理学所认识到的电磁波按其波长顺序被排列成谱,如图 1.13 所示,这就是所谓的电磁波谱。

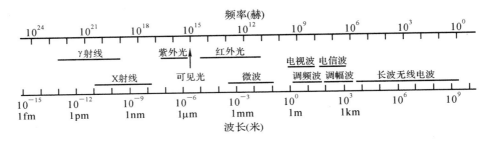

图 1.13　电磁波谱

1. 无线电波

由于辐射功率随频率的减小而急剧下降,因此波长在几百千米以上的低频电磁波通常在应用方面没有明显的优越性。实际中使用的无线电波是从波长约几千米(相当于频率在几百千赫左右)开始。波长在 3 000 米以上的电磁波称作长波;波长在 3 000～200 米(频率在 100 千赫至 1.5 兆赫)范围属于中波段;波长在 50～10 米(频率在 6～30 兆赫)范围属于短波;波长在 1 米至 1 厘米(频率在 300～30 万兆赫)甚至到达 1 毫米(频率为 3×10^6 兆赫)以下为超短波(或微波)。长波、中波和短波被广泛应用于无线电广播、电视以及电报通讯领域;微波则应用在电视、雷达、无线电导航等领域。

2. 红外线

波长大约从 760 纳米至十分之几毫米的电磁波称为红外线。红外线主要由炽热物体所辐射,故也称之为热辐射,其热效应特别显著,因此被广泛应用于加热、烘烤、理疗等领域。另外,由于发热的物体均辐射一定量的红外线,因此红外摄象在民用、航天以及军事等方面有很广泛的用途。

3．可见光

与我们朝夕相处的可见光在整个电磁波谱中只占很狭窄的频带范围(见图 1.13)，其波长大约在 0.39～0.76 微米之间。人眼对具有不同波长的可见光的灵敏度不一样，所感受到的颜色也不一样。按波长依次减少，光的颜色依次为红、橙、黄、绿、青、蓝、紫。波长最长的可见光是红光($\lambda = 630 \sim 760$ 纳米)，波长最短的可见光是紫光($\lambda = 390 \sim 430$ 纳米)。白光则是各种颜色可见光的混合光。人眼对可见光是敏感的，因此人可以看到正在发射或反射可见光的物体。

4．紫外线

波长比可见光略短的光是紫外线，其波长范围在 5～400 纳米之间，炽热物体的温度很高时，就会辐射紫外线，它具有显著的化学效应和荧光效应，且具有较强的杀菌本领。

5．X 射线(伦琴射线)

X 射线可由高速电子流轰击金属靶得到，也可由较重的原子中的内层电子的跃迁产生，其波长范围约在 $10^1 \sim 10^{-3}$ 纳米之间。它的波长与紫外线以及 γ 射线均有重叠。X 射线能量非常高，可以穿透生物体和金属，它被广泛应用于冶金、农业、生物、医学、科研等领域。

6．γ 射线

波长小于 0.1 纳米的电磁波称为 γ 射线。由于其波长极短，在所有电磁波中，它的能量、穿透力、杀伤力均居首位。它可由放射性元素自发产生，也可在加速器中产生。γ 射线被广泛应用于医学、农业、生物、冶金、科研等领域。

1.3.3　真理与美

历史上，曾经有许多重大发现是在"美"的哲学思想指导下取得的，许多自然界的深层次真理是在考虑了"和谐、统一、对称、简洁、玄妙"等美学要素后被揭示的。例如当年哥白尼是在行星运动简洁性的思想指导下发现了"日心说"的；当法拉第证明了"变化磁场可产生变化电场"之后，麦克斯韦在"对称"思想的指导下,提出了"变化电场也应该可以产生变化磁场"的设想,从而建立了著名的麦克斯韦方程组(1.21)式,奠定了经典电磁场理论的基础;狭义相对论的原理只适用于惯性参照系,爱因斯坦对此十分不满意,他认为:自然规律应该是统一的、普适的,物理学原理应该在所有参照系中具有相同的形式,于是他创立了具有里程碑意义的广义相对论学说。

在浩瀚的宇宙中,美和妙似乎不可分割,物理学的玄妙也到达了绝无仅有的地步:一个个仅由几个字母组成的微分方程(组)代表着宇宙间物质运动、相互转变以及形态演化的种种规律;一个假说推出了一个庞大的科学理论体系;一个对称不变性解释了宇宙中所有元素的周期律;一个表象变换解决了数量级在 10^{23} 颗粒子的多体相互作用问题;一条实验曲线导致了一个史无前例的高科技产业;一篇物理学论文引发了人类文明进程的重大突变,……。对于这种玄妙之美,我们目前还不知道为什么,但是我们的确知道物理学确是如此。

由此看来,物理学规律与美似乎不可分割,人们不禁要问:真理与美之间是否具有必然的联系呢?

首先,迄今为止所有被揭示的真理都具有相对的意义。例如人类对光的本质的认识经过了如下过程:最早,中国人认为光是由一条条"线"组成的,称之为光线;牛顿则认为光是由很小的"粒子"组成的;惠更斯和菲涅耳认为光是一种波动;麦克斯韦的电磁场理论推得光是一种波动,且是一种电磁波;现代量子力学认为光是由粒子组成的,但它们是一种具有波动性的粒子,即光子;……。随着人们对光本质理解的深入,物理学理论必将越来越精确,越来越接近客观真理,但我们永远无法到达绝对真理,人类对真理的追求将是永无止境的。

其次,我们还注意到"美"既是一种自然现象,又是一种社会现象。对于同一事物,不同的人会有不同的看法,有时甚至可能会有截然不同的结果。例如不同的人,不同的民族对颜色的理解和美感程度可以是很不一样的;年轻人一般喜爱节奏较快的音乐,而年长的人往往喜欢节奏缓慢的音乐;有些人酷爱李白的诗,有些人则更爱读杜甫的诗;有些人愿意欣赏喜剧,有些人则更愿意泪洒悲剧;有些学者以为"简单"则美,但也有些学者感觉"复杂"为美;具有"对称性"的事物是美的,但不具"对称性"的事物有时也是很美的;……。

综上所述,"真理"与"美"之间的联系是很难用"是"或"非"来简单讲清楚的,她们应该有动态的联系,但没有必然的联系。我们相信具有真理意义的科学理论是"美"的,但"美"的理论未必就是真理! 因此我们可以在"美"的思想指导下去探索客观真理,但我们无法用美学原理来"制造"客观真理,否则"科学研究"岂不就变成"美术创作"了?

1.3.4 扎实基础引领重大突破

法拉第对自然界的统一性具有坚定的信念,他始终不渝地为证实各种现象之间的普遍联系而努力。当法拉第得知奥斯特发现了通电导线周围存在磁场之后,立即想到了电和磁的相互关系:既然通电导线的周围显示出磁性,那么是否可以设想,磁也能引起电流的出现? 1831 年,他终于成功地发现了电磁感应定律。随后,他的研究继续向前发展,在电与电之间、化学亲和力与电力之间、光现象与磁现象之间、引力与电力之间均找到了它们的相互关系,找到了它们之间的共性。

法拉第十分注重将无形和抽象的问题形象化。电场与磁场均是人眼所看不见的物质。为了定量地、具体地描写空间任何区域电场和磁场的强度和方向,他类比于流体场,提出了场和力线的概念,而且认为力线并非只有几何意义,而是具有物理意义。为了说明力线的物理实在性,他在一张撒上铁屑的纸下面用磁棒轻轻振动,于是这些铁屑清楚地呈现出磁场的力线。于是他用电力线和磁力线的图形形象地表示出带电体和磁体周围的场,成功地描述了他的电磁感应现象以及电场和磁场的许多性质。法拉第的有关力线和场的思想对电磁学乃至整个物理学的发展产生了重要的影响。

法拉第具有雄厚扎实的实验物理学基础,是一位杰出的实验物理大师。他一贯坚持实验检验一切真理的科学认识论。他在实验设计方面具有新颖巧妙的思想,在技术方法上精益求精,刻苦钻研;他对理论的实验检验力求严谨、定量且可重复;他在实验时善于观察和发现问题,抓住机会。

法拉第有着对追求真理的热爱和对自己事业的信心,他所取得的辉煌成果是他长期艰苦劳动的结晶。当法拉第终于真正开始在物理学领域里工作时,已年满 40,以往的岁月仅仅是为此作准备。古代埃及人为了用巨石修建金字塔,仅修筑运送巨石的道路就花去了 10 年的时间;法拉第为了给自己进入物理学的殿堂铺路,用去了整整 25 年的时间。由此,我们可以想像法拉第辉煌学术生涯背后的艰辛和百折不挠。

与法拉第相比,麦克斯韦则更具有渊博扎实的数学和理论物理学基础,擅长用精确的数学语言描述和推理物理现象,是一位杰出的理论物理学大师。

方年 15 岁,麦克斯韦就向英国爱丁堡皇家学会提交了他的第一篇论文《谈椭圆之制图法》,显示了他少年时代的才华。麦克斯韦对气体动力学理论作出过杰出的贡献,揭示了气体分子分布理论的统计规律,这是一种对所有经典气体均适用的普遍规律,因而在物理学中被誉为"麦克斯韦分布规律"。麦克斯韦还首先提出用红、绿、蓝三种颜色组合可得到其他所有各种颜色的想法,并为此做了大量实验。这个三基色原理为后来的色度学以及彩色显示奠定了理论基础。

麦克斯韦用数学语言引进了"涡旋电场"的概念,推导了涡旋电场与变化磁场的关系。他用数学公理化的方法对前人的成果加以综合、整理,并加入了"位移电流"的内容,建立了完整的经典电磁场方程组,使电磁场理论系统化、形式化和规范化。他的电磁场方程组是物理学描述自然界定律的光辉典范。随后,麦克斯韦利用他的方程组,经过严密的数学运算,预言了电磁波的存在,预言了光是一种电磁波。一句话,所有经典电磁波的内容均包含在了他的方程组(1.21)式之中,其深层次的无穷奥妙和哲学之美是无法用语言来表达的。

值得指出的是,作为理论物理学家,麦克斯韦也十分重视理论与物理实验相结合。1874 年,他创建了世界著名的英国剑桥大学的"卡文迪许实验室",并亲自担任首届主任,树立了理论与实验相结合的严谨学风。他说:习惯的用具——钢笔、墨水和纸张——将是不够的了,我们将需要比教室更大的空间,将需要比黑板更大的面积。

法拉第与麦克斯韦是经典电磁学史上的两颗璀璨巨星,遥相呼应。虽然他们两人的科学方法与研究风格迥然不同,但他们的巨大成功均以"扎实基础"为前提。可以说,法拉第的发现是麦克斯韦成就的基础,而麦克斯韦的杰出贡献是法拉第研究成果的抽象和提高。爱因斯坦曾把他们两人称作科学上的伴侣,就像当年的天文学家第谷与开普勒一样。他们为物理学作出了一个又一个令人赞叹不已的卓越贡献,他们的开拓、严谨、踏实、谦逊和拼搏精神为人类树立了光辉的典范。

遗憾的是,两位大师均未能听到1887 年赫兹证明电磁波存在的消息,未能亲眼目睹人类文明的进程因他们的辉煌成就而产生的大幅度跃变。

从上面的叙述我们可以感受到:法拉第和麦克斯韦的成功与他们扎实的实验和理论基础密切相关。自然科学研究的一个重要特征就是扎扎实实,一步一个脚印。

在名师的指点下,我们可尽量减少走歪路的几率,尽可能瞄准学科前沿最重要的目标,从而增加突破的可能性和减小突破所需要的时间。但是这里存在一个极限,一个不可逾越的极限,超过这个极限,就意味着不可能,而且没有任何讨价还价的余地。科学研究有其自身的规律:先基础,后突破,成就以基础为前提,在成就突破过程中完善和丰厚研究者的基础。机遇从来只光顾有准备的人! 此话中的"有准备"即"扎实基础"之意。基本功扎实的程度直接决定了突破的可能性和成就的分量;反之,从成就的分量也可以一目了然地看出研究者基本功的扎实程度。如下图所示:设计图 1.14(a)中诸建筑物的设计师与设计图 1.14(b)中建筑物的设计师的基础扎实程度是完全不一样的。

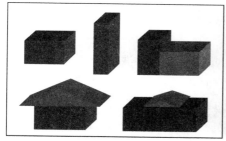

(a) 由长方形和三角形组成的建筑物　　　　(b) 抒情韵律般的悉尼歌剧院

图 1.14　两类完全不同级别的建筑物

悉尼这座城市没有太长的历史,也没有太多的人文,她每年有那么多的国际游客,那么多的国际会议,那么多的国际比赛,其原因仅一幢房子。人们相信:如果没有悉尼歌剧院,2000 年奥运会是不会在悉尼召开的。"扎实基础"的重要性由此可见一般。

1.3.5　光是一种电磁波

现代电磁波谱已跨越 14 个数量级的波长范围,而可见光作为电磁波的一种,在其中所占据的波段是非常狭窄的,一般将其波长定义在 390～760 纳米之间。

由于人眼仅对可见光是敏感的,亦即人眼能感觉到可见光的存在,因此人类对可见光的研究历史远远早于对其他波段电磁波的研究。

人类最早认识到光沿直线传播(这便是后来几何光学的基础)是在公元前

4 世纪。当时,中国的墨家论证了光的直线传播,演示出世界上最早的针孔成象实验,其他如 11 世纪沈括的焦点测定、14 世纪中叶宋末元初赵友钦的"小罅光景"等实验,使中国古代在几何光学方面所取得的成就长期居世界领先地位。一直到 17 世纪上半叶,斯涅耳(W. Snell)和笛卡儿才将对于光的反射和折射的观察结果归结为今天所用的反射定律和折射定律。约在同一时代,费马(P. Fermat)又得到了确定光在介质中传播所走路径的光程极值原理,该原理实际上覆盖了光的反射定律和折射定律。

17 世纪下半叶,牛顿提出了光是一种微粒流的假说,并以此成功地解释了光的折射和反射定律,微粒学说还很自然地解释了光的直线传播现象。但该学说在解释太阳光通过三棱镜形成的光谱以及解释牛顿环时却遇到了不可克服的困难。

与牛顿同一时代的惠更斯(C. Huygens)是光的波动学说的第一位倡导者。他认为:与声音一样,光是以球形波面传播的,这种波和把石子投在平静的水面上时所看到的波相似。他还认为:必须把光振动看作是在一种特殊的介质——"以太"(aether)中传播的弹性脉动,而这种特殊的介质充满整个宇宙[①]。在此基础上,他提出了惠更斯原理:

光振动所达到的每一点都可视为子波的振动中心,子波的包络面为传播着的波的波阵面。

由于牛顿在当时学术界的绝对权威性以及早期波动学说缺乏足够的数学和实验基础,牛顿的微粒学说在随后百余年间的岁月中占据了光学的绝对统治地位,为绝大多数物理学家所承认。然而,一个物理理论的正确与否与有多少人理解和承认它无关。科学历来谢绝"少数服从多数,'非权威'服从'权威'"的原则,任何人都必须服从实验的检验结果,服从真理的最终判决。1835 年,菲涅耳(A. J. Fresnel)根据杨氏(T. Young)干涉原理补充了惠更斯原理,从而产生了今天熟为人知的惠更斯-菲涅耳原理。该原理既能圆满解释光的直线传播现象,又能精确预言光的干涉和衍射现象,是波动光学的奠基性原理。

1. 光的干涉

我们大概都看到过这样有趣的现象:把两块石头同时投入平静的水池内,

---

① "以太假说"后来被爱因斯坦相对论所否定

则石块落水处各生成一个向四周传播的水面波。在两波相交的区域,有些地方的扰动实际上等于零,而另一些地方的扰动则比任何单独一个波所产生的扰动都大得多。这种现象称为水面波的干涉。

同样,当两个或两个以上满足一定条件的光波相遇时,在它们相交的区域,各点的光强度与各光波单独作用所生的光强度之和可能极不相同。有些地方光强度接近零,而另一些地方的光强度则较各光波单独作用所产生的光强之和要大得多。这种现象称为光的干涉。

在自然界中,有许多光的干涉现象。例如,在太阳光下常看到浮于平静水面的油膜或肥皂膜呈某种颜色,并且当改变观看角度时,膜的颜色随之而变;在太阳光下观看吹起的肥皂泡,也能看到类似的现象等等。这些都是光的干涉现象,它是由于可见光经薄膜的两个表面反射后的两束光相干的结果。

然而,当两束光相遇后是否能产生干涉现象是有条件的。如果从两个完全独立的光源(如两支蜡烛、两盏电灯等)发出的两束光相遇,无论如何是不可能产生干涉现象的,它们所产生的光强分布等于各单独光强之和,正如两个人同时唱一首歌不能产生声音的干扰一样。两束光相遇后产生干涉现象的必备条件称为相干条件,满足相干条件的光称为相干光,即只有相干光才能产生光的干涉现象。

对于实际的两光波,其相干条件如下:

(1)两光波频率相同;

(2)两光波在相遇点的振动方向相同;

(3)两光波在相遇点具有恒定的位相差。

实验和理论均已证明,满足上述相干条件的两光波相遇,便会在空间形成强度稳定分布的干涉现象。

为了对上述相干条件给予更直观的描述,我们设想有两束频率相同的光波在空间某点相遇时的强度 I_1 和 I_2 随时间 t 的变化如图 1.15(a)所示。由于它们的频率相同,振动方向相同,位相相同,且具有固定的位相差,因此,叠加后便形成如图 1.15(b)所示的光强加强图象 I_{12}。

假如两束频率相同的光波在空间某点相遇时的强度 I_1 和 I_2 如图 1.16(a)所示,则由于这两束光波在相遇处位相相反,因此它们叠加后形成光强相消的图象,如图 1.16(b)所示。

对于实际光源,由于光是由许多原子发出的相互独立的波动的混合,这些波动之间无固定的位相差,因此不可能产生干涉现象。也正是由于原子发光的这一特点,即使两个同频率的单色光源或同一光源上两个不同的发光部位发出的光也都是不相干的。所以,相干条件是十分苛刻的。事实上,不论在自然界或在实验室,都不可能得到严格的两束相干光。若要在实验室中用普通光源获得相干光,基本的方法是从同一点光源的光波中分出两束光,当这两束光经不同路径再相遇时,它们的振动位相就可能作同样的随机变化,因为这两部分光的相应部分实际上都来自同一批相干发光原子的同一次发光,因此,它们在相遇点的位相差是恒定不变的,于是它们满足相干条件而出现干涉现象。

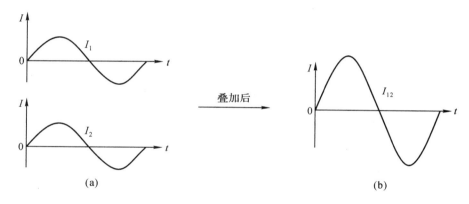

图 1.15 波的加强示意图

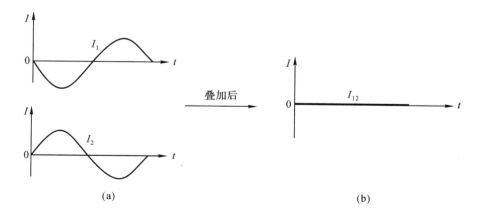

图 1.16 波的相消示意图

【例】　杨氏双缝干涉实验。

杨氏双缝干涉实验如图 1.17(a) 所示。用较强的单色光照明狭缝 S,以它作为线光源,送出柱面波。在距 S 一定距离处放置另外两狭缝 S_1 和 S_2,它们把由 S 送出的柱面波阵面分离出两个很小的部分作为相干光源。由此两狭缝发出的光波相遇在屏幕上。某位置 P 点的光强决定于由 S_1 和 S_2 发出的光波到达 P 点时位相是相同还是相反。当位相相同时,P 点为亮条纹;当位相相反时,P 点为暗条纹。于是,在屏幕上便产生明暗相间的干涉条纹,见图 1.17(b)。

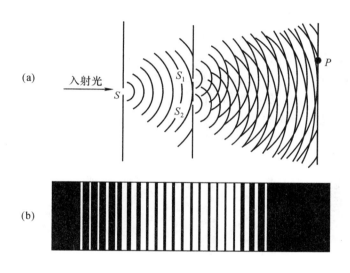

图 1.17　杨氏双缝干涉实验

光的干涉理论成功地解释了牛顿环、油膜颜色等许多现象。人们应用这一原理制成了许多不同种类的干涉仪,用于测量斜率仅为 10^{-5} 弧度左右的楔形结构,用于检验起伏小于 10^{-8} 米的表面平整度,……利用这一原理,人们还制成了提高照相机拍摄质量的增透膜等等。美国物理学家迈克耳孙(A. A. Michelson)研制出使用十分方便的迈克耳孙干涉仪,它可测量固体、液体或气体的折射率以及在各种条件下的极微小变化,精度达到光波长的数量级。他还用自己发明的干涉仪对一直被珍藏在巴黎国际度量衡局里的铂-铱合金标准米原尺进行了测量和校验,精确测得米原尺的长度等于镉(Cd)红光波长的 1 553 163.5 倍。这是人类第一次使用无形而稳定的物质内在属性作为计量标准,它使测量跃上了空前的高精度,还直接促成了干涉计量学这一新兴学科的诞生。更重要的是,迈克耳孙与莫雷(E. W. Morley)合作,用他的干涉仪测量地球相对于"以太"的运动速度。而多年辛勤的测量没有发现任何"以太"的踪迹,也正因为迈克耳孙-莫雷实验的否定结果预示了长期困惑物理学家的"以太"实际上并不存在,而且光速与其是沿地球运动方向还是垂直地球运动方向传播均无关,这为稍后创立的爱因斯坦相对论奠定了坚实的实验基础。

2. 光的衍射

按照几何光学的观点,自点(或线)光源发出的光波,在通过圆孔、狭缝、直边或其他任意形状的孔或障碍物面到达屏幕时,屏幕上应该呈现明晰的几何阴影,影内完全没有光,影外则有均匀的光强度分布。然而实际上,若仔细观察就可发现:影内并不是完全无光,影外光强也并非总是处处均匀,这说明光线在经过障碍物时绕过了边缘进入其几何阴影内。我们称这种现象为光的衍射。

光的衍射现象是光的波动性的一种表现。由于惠更斯原理只是一个纯几何的作图构想,完全未考虑子波的振幅和位相等物理因素,因而无法说明形成衍射明暗条纹的原因。1814 年,菲涅耳对惠更斯原理作了重要修正和补充,形成了衍射理论的奠基性原理,即惠更斯-菲涅耳原理:

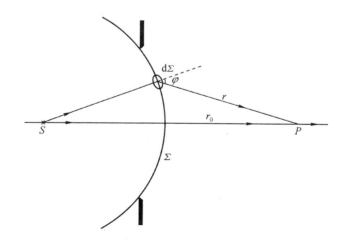

图 1.18　惠更斯-菲涅耳原理

由光源 S 发出的一个波阵面 Σ 上的任一面元 $d\Sigma$ 继续向前发出子波,任

意位置 P 点的光强等于波阵面上所有面元 $\mathrm{d}\Sigma$ 发出的子波在 P 点的相干叠加（如图 1.18 所示）。

这就是说，光的衍射现象其实就是由有限大小或形状的连续波阵面上各点发射的所有子波相干叠加的结果。从这个意义上说，光的干涉是两束光波的相干叠加，而光的衍射是许许多多束光波的相干叠加。

有了惠更斯-菲涅耳原理，就可以解释和预言许多有关光的衍射现象。例如，令自一单色点光源发出的光波通过一个与光源相距几米的很小的圆孔（2～3毫米的直径），则在圆孔后面约 1 米处的屏幕上可观察到中心或亮或暗的一组明暗相间的圆环图样，如图 1.19 所示。又如，在一单色点光源 S 与屏

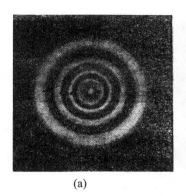
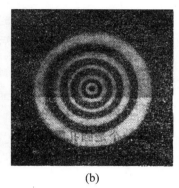

(a)　　　　　　　　　(b)

图 1.19　菲涅耳圆孔衍射图样

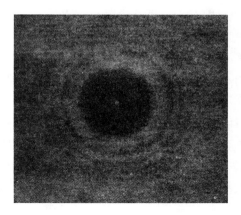

图 1.20　菲涅耳圆盘衍射图样

幕之间放入一不透明的小圆盘(直径约 2 毫米),只要光源与屏幕之间的距离合适,在屏幕上就会出现一个圆盘的阴影,但阴影中心永远是亮点,阴影外面是围绕阴影的一圈圈衍射环,如图 1.20 所示。诸如此类的现象,均是由光的衍射造成的。

【例】 菲涅耳直边衍射。

一个平面光波或一个球面光波 S 通过一个与其传播方向垂直的不透明的直边(如锋利的刀刃)后,在屏幕上的光强分布如图 1.21 所示:在几何阴影中的一定范围内,光强度不为零;而在阴影之外的明亮区域,光强度作有规律的不均匀分布,形成明暗相间的衍射条纹。这种光强分布是由未被直边遮蔽的波阵面上所有微小面元发出的子波在屏幕上的相干叠加而引起的。在许多文学作品中,常用"寒光闪闪"等词语来描写十分锋利的刀刃,其实那只不过是光波在极其锋利的刀刃附近发生衍射后的一种效应而已。

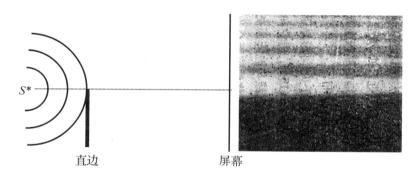

图 1.21 菲涅耳直边衍射图样

【例】 衍射光栅。

光栅是由很多相互等距离和等宽的平行狭缝所构成的一种重要的光学器件。

光栅有两种:一种是用透射光衍射的透射光栅,另一种是用反射光衍射的反射光栅。一般用于可见光区和紫外光区的光栅大多数是每毫米 600～1 200条狭缝,一块 10 毫米×10 毫米的光栅要刻 6 000～12 000 条等间距的狭缝,因此加工光栅在技术上的要求是很高的。

在图 1.22 中,多色平行光源垂直地照射在光栅 G 上,它有 N 条宽度为 a 的狭缝,相邻狭缝间的不透明部分的宽度为 b,$a + b$ 称为光栅常数。透镜 L

将经光栅衍射后的光会聚于焦面(屏幕)P 上。由理论计算可知:经光栅衍射后的光强分布是一个单缝衍射强度和由所有 N 条同样且等距的单缝相互干涉后的强度分布这两个因子的乘积。图 1.22 中不同位置的衍射峰是由多色光中不同波长的光经光栅衍射后形成的。这样由多种波长的光合成的多色光经过光栅衍射后,各种颜色的光谱线被分开来,并按波长大小顺序排列成明亮的谱线,称之为光栅的衍射光谱。光栅对白光的分类效果与三棱镜对白光的折射效果有些类似,但它们的工作原理完全不同,前者的分辨率也远远大于后者。

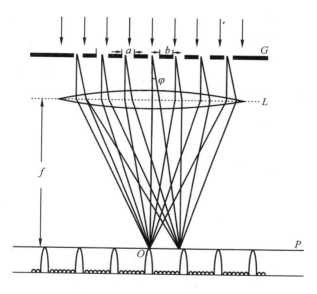

图 1.22　衍射光栅

利用光栅研究物质的衍射光谱可了解被检测物质内部所含的元素的种类、含量及物质内部的许多重要信息,因而在采矿、化工、材料、生物等领域有广泛的用途。

1.3.6　三维全息照相

在二维的纸张或底片上形成三维的立体图象是人们长期以来的理想追求。传统的绘画(如中国画、西方油画等)以及一般照相均属二维图象,它记录的只是物体各发光点(或反光点)的光强明暗分布,因此看上去没有立体感,即图象中物与物之间的相对位置不会随视角的变化而变化。全息照相则是一种全新的三维立体照相,它是由英国物理学家伽柏(D. Gabor)在1948年首先提出的。1960年,随着人类第一支红宝石激光器的诞生,全息照相技术得到了飞速发展。

全息照相(Holography)意为"全部信息照相"。它利用相干光的干涉效应将从物体各点反射来的光波的振幅和位相同时如实地记录下来,并在观看时利用光的衍射效应重新使光波按原来的振幅和位相再现。全息照片不仅有明暗之分,而且有三维远近逼真的立体感。

伽柏最初提出的同轴摄影,由于再现时存在直射光亮刺眼的缺陷,因而1962年后很快就被利思-乌派德尼克斯提出的离轴摄影所代替。早期必须用激光作为再现光的问题,也因反射式体积全息及彩虹全息等多种新颖全息技术的相继问世和逐渐完善而令人满意地被解决。现在这些全息照片均可以在一般天然白光下直接观察。

由于全息摄影是利用光的干涉原理记录干涉条纹,而干涉条纹一般的密集度为每毫米3 000条线以上,与之相比,普通照相用的胶片一般只能达到每毫米100余条线,因此拍摄全息照片需要专用的全息底片。

全息照片的拍摄原理如图1.23(a)所示。将激光束分为两束,一束经反射镜反射后投射到全息底片上,称为参考光(即 r 光);另一束照射到物体上,经物体反射后投射到底片上,这束光称为物光(即 o 光)。两束光在全息底片 H 上相干而被记录下来。由于干涉图样与两束光的振幅以及它们之间的位相差有关,因此底片记下的是物光的全部信息。这个过程称为干涉记录。

全息照片与普通照片不同,它在照片上没有物的图象,只有许多黑度不同、形状不同的干涉图样。为了观看全息照片上的物象,一般可用与参考光束波长和传播方向相同的光束 r 光照射全息底片 H,如图1.23(b)所示,此时眼睛可以观察到一个与原物一样逼真的立体虚象 B',而且在它的对称位置还可用屏幕接收到一个实象 B''。这个过程称为衍射再现。

全息照片的最主要特点是它那极为逼真的立体感和真实感。当你转动眼睛从不同角度观看时,可以看到物体的侧面形象,甚至在某一方向上被遮挡住的部分也可以通过改变视角来看到。这使人犹如身处真实的三维物体之前,而无法相信自己亲眼目睹的竟是物体的象而不是实物。

全息照片的另一特点是不可复制性。由于拍摄全息照片时记录下来的是高度密集、极其复杂的干涉条纹,一旦被拍摄物及其背景的原状被破坏,人们将无法再一次拍摄到同样的照片。因此,全息照片具有无可比拟的防伪功能。

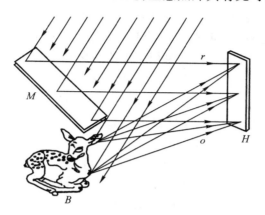

图 1.23(a)　全息拍摄

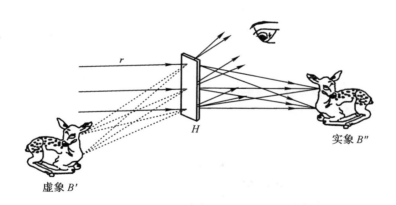

图 1.23(b)　全息再现

　　可分割性是全息照片的又一新奇的特点。一张全息照片可以被按任意形状分割成许多张较小的全息照片,而每张小全息照片都能独立地再现它拍摄的完整图象,其原因是在拍摄时,物体上每一点的信息都由各自发出的子波传播到整幅全息底片上,因此全息照片上任意一点都曾接收到来自物体上每一部分的反射光。也就是说,全息照片上的每一小块区域都存储了整个物体的信息。

此外,全息照片还具有多次记录特性,即在同一底片上可以重复记录许多物体的全息图,再现时可同时看到所有物体的象。

由于全息照相的上述优点,它已被广泛应用于现代社会的许多高科技领域。如全息电影电视、全息显微术、全息干涉技术、全息印刷技术、全息信息存储等均已成为现实,并具有一般照相所无法与之媲美的优越性。

当然,全息照相技术仍然在发展之中。例如目前的全息照片拍摄仍只能在全息防振平台上进行;照片越大,激光束的功率越大;人们还无法制成一架全息照相机或全息摄象机对大自然进行直接拍摄等等。随着研究的不断深入,相信全息技术会更加完备,更加方便。

最后应该指出的是,在本节中我们利用可见光作为例子,介绍了光的干涉、衍射现象以及全息照相技术。事实上,这些奇妙现象是一切相干波动,包括所有电磁波、声波、水波等等的共同特性。例如目前全息照相技术在红外线、微波以及超声波领域已得到了广泛的应用。当然,由于波长不同,其应用的条件也有区别。

参考文献

1　向义和.大学物理导论(上册).北京:清华大学出版社,1999 年

2　赵凯华,罗蔚茵.新概念物理(力学).北京:高等教育出版社,1995 年

3　赵凯华,罗蔚茵.新概念物理(热学).北京:高等教育出版社,1998 年

4　田志伟,赵隆韶.大学物理学.杭州:浙江大学出版社,1999 年

5　吴泽华,陈治中,黄正东.大学物理.杭州:浙江大学出版社,1999 年

6　母国光,战元令.光学.北京:人民教育出版社,1978 年

7　王锦光,洪震寰.中国古代物理学史话.河北:河北人民出版社,1981 年

8　托.博列梓(薛克夫,阎崇文译).四十一位著名的物理学家.北京:北京出版社,1983 年

第 2 章　量子物理学

　　1900 年 10 月,德国物理学家普朗克(Max. K. E. L. Planck,1858~ 1947)在建立黑体辐射理论的过程中提出了辐射能量量子化这一革命性的假说,由此揭开了 20 世纪物理学革命的序幕。接着,有关电子、光子和原子的新概念被综合成完整的量子理论。这一全新的理论在解决原子、分子等微观问题中显示出无比的优越性,取得了辉煌的成果,从而使它成为现代科学技术的主要基础之一。量子理论中的波粒二象性、测不准原理等还从根本上改变了人类有关确定论和概率论的传统观念。如果说牛顿力学是以确定论和决定性告诉我们某时某刻火星的位置,量子力学则是用可能性和统计性揭示了电子在原子中的运动规律。玻尔提出的互补性原理将二重性和其他相互矛盾的描述升华到自然运动定律的地位。

2.1　原子模型

　　19 世纪末,物理学前沿推进到了微观领域,牛顿力学和麦克斯韦电磁场理论在解决原子模型、电磁辐射、光电效应等一系列微观问题时开始显得力不从心。

2.1.1　原子概念

　　原子概念的提出已有 2 000 余年的历史。在我国,早在战国时期(公元前 476~前 221)的墨家就主张物质不可无限分割。《墨经》中曾记载:"端:体之无序最前者也。"意思是说:"端"是组成物体的不可分割的最原始的东西。战国时期的儒家著作《中庸》则比较明确地指出:"语小,天下莫能破焉。"宋代朱熹解释道:"天下莫能破是无内,谓如物有至小而可破作两者,是中着得一物在;若无内则是至小,更不容破了。"而另一方面,战国时期的另一部著作

《庄子·天下》则说:"一尺之棰,日取其半,万世不竭。"这句 2 000 多年前的哲言对现代科学仍有其参照价值。

在公元前 4 世纪,古希腊物理学家德莫克里特(Democritus)提出了"原子"这一概念,意为"不可分割",并把它当作物质的最小单元。但是,几乎同时代的亚里士多德(Aristotle)、阿那萨古腊斯(Anaxagoras)等人却反对这种物质的原子观,认为物质是连续的,可以无限分割下去。直至 16 世纪之后,原子观才逐渐为人们广泛接受。

"大物质由小物质组成,小物质由更小的物质组成……"这是 20 世纪物理学发展的主要脉络。现代科学已经证明:"原子"并不是不可分的,它只不过是物质结构的一个层次而已。

2.1.2 电子的发现

既然物质由原子组成,那么原子又由什么组成呢?原子的内部结构又是怎样的呢?

1833 年,英国物理学家法拉第提出了著名的电解定律,证明了 1 摩(尔)任何原子的单价离子永远带有相同的电量,从而也证明了原子内具有带负电的物质。1874 年,斯通尼(G. J. Stoney)最早提出了"电子"的概念。他明确地指出:原子所带的电荷为一基本电荷的整数倍。1881 年,斯通尼正式用"电子"这一名词来命名这一基本电荷。

1897 年,英国物理学家汤姆逊(J. J. Thomson)从实验上证实了电子的存在。图 2.1 是汤姆逊当年使用的阴极射线管的示意图,管内是真空的。当时的真空技术可达到的真空度已能保证阴极射线在管内运动时基本不受残留空气分子的碰撞。阴极射线从阴极 C 发出后由带有正电高压的狭缝 G 对其加速,这使它通过 G 后形成一狭窄的射线,射线再穿过两片平行的金属板 E_1 和 E_2 之间的空间,最后到达右端的荧光屏 $S_1 S_0 S_2$ 上。E_1 和 E_2 之间可加一电场 E,电力线的方向由下向上;射线管的周围还可加上磁场 B,磁力线与纸面垂直。当 E 和 B 数值均为零时,阴极射线束在 S_0 点。加电场 E 后,阴极射线由 S_0 点偏至 S_1,由此可知阴极射线是带负电的。再加上 B,使阴极射线束再由 S_1 回到 S_0,此时磁力(evB)与电力(eE)大小相等,方向相反,从而得到 $v = E/B$,其中 v 是阴极射线粒子的速度,e 为该种粒子所带的电量。此时去掉电场 E,由于射线方向与 B 方向垂直,射线将成一圆形轨迹。

测出圆形轨迹的半径 r，则阴极射线粒子(即电子)的质量为 m，受到的离心力 mv^2/r 应与磁力 evB 相平衡，于是求得 e/m 值。

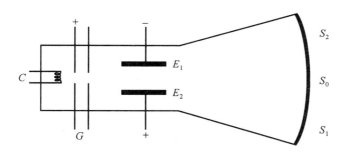

图 2.1　阴极射线管示意图

汤姆逊第一次直接证明了电子的存在，被誉为"一位最先打开通向基本粒子物理学大门的伟人"。现代社会所广泛使用的电视机、计算机以及其他所有显示设备中的电子显象管正是按照阴极射线管的原理(图 2.1)制成的。

关于电子，目前我们已经知道它是带有电荷 $e = 1.60 \times 10^{-19}$ 库(仑)，质量 $m = 9.11 \times 10^{-31}$ 千克，且具有自旋的基本粒子。现代物理学还告诉我们，电子的直径小于 10^{-17} 米。但迄今为止，我们对电子的表面以及内部结构仍一无所知，因为目前我们对此尚无任何有关"是"或"否"的科学证据。因此我们在这里还无法回答诸如在电子表面是否存在"高山"、"大海"、"森林"、"草原"以及"河流"，是否还存在类似我们人类的智慧生物，它们是否正在相互残杀、浪费资源或污染环境等"电子世界"全貌的问题。假如这些问题能得到肯定，那么类似"星球大战"那样的"电子大战"也应该是可能的了。上述科幻式的问题听起来不可思议，但如果联想到现代物理学中的"标度变换不变性原理"(即当物理系统被放大或缩小时，物理规律保持不变)，也就不足为奇了。

2.1.3　汤姆逊原子模型

由于原子作为整体是不带电的，汤姆逊发现原子中含有带负电的电子意味着原子内还应具有带正电的物质。这使"原子内正负电荷如何分布"成为当时物理学研究中最重要的问题之一。

在物理学界享有崇高威望的汤姆逊在 1904 年提出了一个引人关注的原

子模型——汤姆逊原子模型,如图 2.2 所示。他认为:"我们首先有带均匀正电荷的球体,球内有以一系列同心环排列的大量电子,环中的电子数逐环变化;每个电子以高速绕环作圆周运行。含有大量电子的环比较接近于球体的表面,而那些含有少量电子的环越来越往内。"这一模型认为原子中的正电荷均匀分布在球体内,而电子则镶嵌在一组组同心环上做圆周运动。为了解释元素周期表,汤姆逊还假设:最内层第一只环

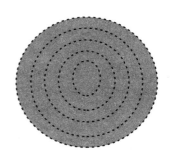

图 2.2 汤姆逊原子模型

上可放 5 个电子,第二只环上可放 10 个电子;假如一个原子共有 70 个电子,则必须有 6 只同心环;当电子在同心环上的平衡位置附近振动时,即导致原子发光现象。

然而,一个理论的正确与否与该理论提出者的学术威望并无必然联系,科学面前,人人平等。汤姆逊模型提出以后,立即遭到了实验事实的无情反击。例如氢原子,这是自然界中最简单的原子,仅含一个电子。按照上述模型,可求得氢原子仅能发出一种波长的光线,其波长约为 $\lambda = 120$ 纳米。但巴耳末(J. J. Balmer)早在 1885 年已经发现:氢原子至少可以发射 14 种不同波长的光。这说明汤姆逊模型与实验事实严重不符。毫无疑问,汤姆逊模型后来被人们所抛弃。但尽管如此,汤姆逊提出的"同心环"、"电子轨道"以及"环中固定电子数"等概念对最后原子模型的建立起到了一定的作用。

2.1.4 卢瑟福原子模型

1903 年,在剑桥大学卡文迪许实验室工作的卢瑟福(E. Rutherford)观察到 α 射线在磁场中发生了偏转,他从偏转方向断定:α 射线是由带正电的粒子组成的。1907 年,他进一步测出了 α 粒子的电荷是电子的两倍,再从荷质比的数据推得其质量是氢原子的 4 倍,此值与氦离子的质量相当。1909 年,他通过光谱分析发现:在具有 α 粒子的镭的放射性气体中有氦的谱线,从而证明了 α 粒子即为氦离子 He^{2+}。

1909 年,卢瑟福与德国物理学家盖革(H. Geiger)以及马斯顿(E. Marsden)一起,用镭作放射源,进行 α 粒子轰击薄金箔的实验,如图 2.3 所示。实验结

果表明：入射 α 粒子束中多数粒子仍保留其原方向；但也有不少粒子偏转角很大；约有 1/8 000 的 α 粒子的偏转角度超过 90°或被反弹回来。按照汤姆逊原子模型的计算，α 粒子产生 90°以上偏转的概率大约为 10^{-3500}！此值远远比 1/8 000 要小。对于这一结果，卢瑟福感到十分惊讶："它是如此难以令人置信，正好像一枚 15 英寸的炮弹打在一张纸上而又被反弹回来一样。"卢瑟福说。

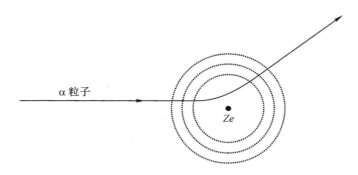

图 2.3 原子的核式结构模型

卢瑟福在强有力的实验事实面前，经过严谨的理论推导之后，于 1911 年提出了原子结构的正确模型，即"核式模型"或称"行星轨道模型"，如图 2.3 所示。该模型认为：

原子的带正电部分集中在一个很小的范围内，称之为核，其直径约为 10^{-15} 米，比原子直径 10^{-10} 米小 5 个数量级；并且这个核几乎集中了原子的全部质量；比核轻得多的电子则在很大的空间绕核转动，就像行星绕太阳公转一样；核中的正电荷总数等于核外全部电子的负电荷数。

核式结构模型成功地解释了 α 粒子的散射实验，给出了正确的原子内部结构图象。这使它成为现代原子物理学的奠基性实验。另外，由卢瑟福首先开创的"粒子散射"研究方法作为一种典型的"黑箱方法"，已成为现代高能物理等学科的一种重要研究方法。

2.2 量子假说

量子力学在 20 世纪初期诞生，是有其深刻的历史背景的。当时的经典物理学在一个个实验现象面前显得极其脆弱甚至无能为力。要解释这些微观系统的实验现象，仅仅依靠对经典物理学原理的修修补补已远远不够了。于是，经典物理学的危机导引了一场史无前例的量子革命。正是在强有力的实验事实基础上，建立起了量子力学的基本假说。

2.2.1　黑体辐射和普朗克量子假说

任何物体均向周围空间辐射电磁波，这种现象称为热辐射现象，例如炼钢炉不断地向四周辐射耀眼的白光等等；同时，任何物体也不断地吸收和反射周围物体发射的电磁波。热辐射强度随电磁波波长的变化规律与物体的温度有关。温度越高，热辐射谱中包含的短波成分越多，热辐射的总能量也越大。

在热辐射现象中，有一类物体的辐射规律特别引人注意，即黑体辐射现象。若某一物体对任何波长的电磁波都吸收而无反射（但仍然有热辐射），我们就称这种物体为"绝对黑体"，简称"黑体"。通常，如宇宙空间、太阳、炼钢炉等，因其对各种电磁波的反射系数很小，故而可以近似地被看成"黑体"。因此，"黑体"并不等同"黑色的物体"。一般黑体的热辐射谱如图 2.4 所示。

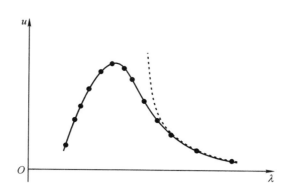

图 2.4　绝对黑体的热辐射强度 u 与波长 λ 的关系

（圆点：实验结果；虚线：瑞利 - 金斯公式；实线：普朗克公式）

由图 2.4 可知：当波长很长或很短时，热辐射能量均很小；对应某一波长，热辐射能量有一极大值；当温度升高时，该极大值向短波方向移动。对于图 2.4 中所描写的黑体辐射规律，瑞利（J. W. S. Rayleigh）和金斯（J. H.

Jeans）曾在 1899 年试图用经典电磁场理论和经典统计力学进行解释，结果在短波区域（即频率在紫外线以外）遇到了不可克服的困难——理论结果与实验曲线严重不符（见图 2.4），这便是当时令物理学家感到棘手的所谓"紫外灾难"。

1900 年 10 月 19 日，普朗克在德国物理学会会议上提出了如下黑体辐射能量公式

$$\rho(\nu, T) = \frac{8\pi h}{c^3} \frac{\nu^3}{\mathrm{e}^{h\nu/kT} - 1} \tag{2.1}$$

式中 $\rho = 4u/c$ 是热辐射能量密度；$\nu = c/\lambda$ 为电磁辐射频率；k 是玻尔兹曼常数；c 为光速；T 为绝对温度；h 后来被称为普朗克常数，其值为 $h = 6.626 \times 10^{-34}$ 焦（耳）·秒。此公式是普朗克为了凑合实验数据而猜出来的。但人们惊奇地发现，这个猜出来的公式竟与当时的实验结果精确地相符（见图 2.4）。普朗克敏感到了其中必有原因。经过两个多月的思考，普朗克在 12 月 14 日向德国物理学会提出了一个量子假说：

电磁辐射的能量交换只能是量子化的，即一份份地交换，每一份能量 E 为

$$E = nh\nu, \quad n = 1, 2, 3, \cdots \tag{2.2}$$

式中 ν 代表电磁辐射频率，n 是正整数，h 为普朗克常数。我们注意到，h 是一个非常小的数值，但正是由于它小，经典物理学才未能发现它；又正是由于它不等于零，才使得量子力学在现代科学中的地位不可动摇。

尽管精确的普朗克黑体辐射公式可以在普朗克量子假说下完美地被推导出来，但由于这个量子假说与经典物理严重对立，因此在此之后的五年中，没有人对其加以理会。

几十年之后，也就是在 1948 年 4 月，爱因斯坦（A. Einstein, 1879~1955）在普朗克的追悼大会上宣读悼词时说：这一发现成为 20 世纪整个物理学研究的基础，从那时起，它几乎完全决定了物理学的发展。由于电磁辐射能量交换量子化在随后发展起来的量子力学中的奠基性地位，1900 年 10 月 19 日被命名为量子力学的诞生日。

尽管"电磁辐射能量交换量子化"这一革命性的假说是在二十世纪初提出的，但"量子化"思想的最早萌芽应该是在 2000 多年前，那时所提出的"原子"的观点实际上就是"物质尺寸和质量的量子化"。

2.2.2 爱因斯坦光子假说及光电效应理论

当光照射到金属表面时，如果光的频率合适，金属原子会释放出电子。这种被称为光电效应的现象早在 20 世纪初就为物理学家所熟悉。实验发现：某些金属受紫外光照射时可以释放出运动速度很快的电子，蓝光辐照出的电子的速度较慢，黄光辐照出的电子的速度更慢，而红光辐照却无法使金属表面放出电子。总之，释放电子与否和释放电子的速度均与光的频率有关。但根据麦克斯韦电磁场理论，决定释放电子速度的是光的强度而不是光的频率。因此，经典电磁场理论无法解释被释放电子的速度以及电子是如何获得足够能量从金属表面逸出的。

率先理会普朗克量子假说的是爱因斯坦，他将其成功地应用于光电效应。首先，爱因斯坦假定光是由具有一定能量的光子组成，光更像粒子而不是波；其次，他假定光子的能量是量子化的，即每个光子的能量为 $h\nu$，其中 h 为普朗克常数，ν 是光子的频率。按照爱因斯坦的观点，当光子照射到金属表面时，光子能量 $h\nu$ 即被电子吸收。电子把吸收能量的一部分用于克服金属表面对它的束缚能 w，另一部分就是电子离开金属表面的动能，即 $E = mv^2/2$，式中 m 为电子的质量，v 为电子的速度。这一能量关系可以写成

$$\frac{1}{2}mv^2 = h\nu - w \tag{2.3}$$

图 2.5 即为上式的图示形式。

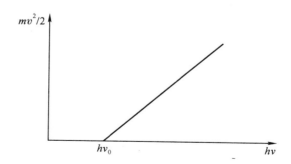

图 2.5 光电效应的爱因斯坦解释

当光频率 $\nu < \nu_0$ 时，即 $h\nu < h\nu_0 = w$，电子不能脱出金属表面(因为电子的动能 $E = mv^2/2$ 不可能小于零，见(2.3)式)，因而无电子逸出。只有当 $\nu > \nu_0$ 之后，才有电子从金属表面逸出，形成光电流。而光强只代表光子的多少，它只在 $\nu > \nu_0$ 时决定光电流的大小，但它无法在 $\nu < \nu_0$ 时照射出电子。

尽管爱因斯坦有关光是量子化的微粒而不是波的说法并不完全正确(正确的光子学说由后来的德布罗意完成)，但他成功地解释了光电效应中的所有现象，且极具说服力，同时也显示出普朗克量子假说的无比威力。正是由于爱因斯坦光电效应学说的成功，使他在 1921 年被授予诺贝尔物理学奖。

2.2.3　氢原子光谱及玻尔理论

现在让我们回到原子模型的话题上来。事实上，卢瑟福提出的核式结构原子模型并不完美，仍有不少漏洞，例如卢瑟福无法解释原子的稳定性问题。根据经典电磁场理论，电子绕核转动是一种加速运动，作加速运动的带电粒子(即电子)应不断向四周辐射电磁波而逐渐失去其能量，从而使轨道半径越来越小，最后掉入原子核内，整个过程仅需 10^{-9} 秒钟左右便完成了。如果真是这样，宇宙中的原子将在很短的时间内全部崩溃。显然，这个可怕的结果与我们所看到的稳定的世界这一事实相矛盾。另外，核式结构原子模型对分裂的原子光谱线也缺少有说服力的解释。

玻尔(Niels Bohr,1885~1962)首次将普朗克量子假说应用到原子中，对原子光谱的不连贯性作了成功的解释。玻尔认为：传统的行星轨道模型以及电磁场理论对原子并不成立，原子中的电子在绕核运动的过程中，其能量、轨道半径以及角动量均是量子化的，即只能取一些分裂值。玻尔的原子理论由三个假说组成：

·原子核外电子各自在固定的轨道上绕核转动，且无电磁能量辐射；

·当一个电子从第 n 个轨道(电子能量为 E_n)跃迁到第 n' 个轨道(电子能量为 $E_{n'}$)时，放出(或吸收)能量为 $E_n - E_{n'} = h\nu$ 的光子(由外轨道向内轨道跃迁时，电子放出一个光子；由内轨道向外轨道跃迁时，电子需吸收一个光子)；

·电子绕核转动的角动量 L 只能取一系列分裂值，即 $L = nh/2\pi$, $n = 1$, 2, 3, 4, 5,…。

玻尔理论提出之后，随即在解释原子的稳定性、原子光谱等问题上取得了巨大的成功，特别对氢原子和类氢离子光谱的理论预言值与实验结果以很高的精度相符合。玻尔理论的巧妙之处在于：它提供了原子现象精确的定量预测，而无须涉及原子内部运动的具体图象；它使得经典物理学在原子领域完全失去了地位。不过，玻尔理论仍然是一个唯象理论，它对光谱线的强度、除氢原子以外的原子(如氦原子)光谱及精细结构等的理论预测并不成功。

2.2.4　德布罗意波粒二象性假说

在前面几节中介绍的量子理论称为旧量子论。尽管旧量子论在许多方面取得了巨大的成功，但由于它仍未触及微观粒子最根本的属性，旧量子论存在着不可克服的缺陷与不足。为了建立一套严密的适用于微观系统的理论体系，首先需要对微观粒子最根本的属性进行揭露。1922～1924 年间，一个刚从历史学领域转向物理学研究的法国青年学者德布罗意(L. de Broglie,1892～1987)在充分理解了普朗克、爱因斯坦以及玻尔对量子规律的论述之后，提出了微观粒子波粒二象性假说，它是量子力学的奠基性假说。

1923 年 9 月 10 日，德布罗意发表了第一篇关于物质波的论文，题为《辐射,波和量子》。文中,他提出了实物粒子也具有波动、粒子二象性的思想,并引入了与运动粒子相缔合的波动概念。

两个星期之后,德布罗意发表了第二篇关于物质波的论文:《光量子,衍射和干涉》。在这篇论文中,他明确地提出了相波和位相的概念。

1923 年 10 月 8 日,德布罗意发表了关于物质波的第三篇论文:《量子,气体运动理论以及费马原理》。在这篇论文中,德布罗意更加明确地阐述了他的物质波思想。他认为:相波的频率与波速由粒子的能量和速度所决定,相波的射线应当与动力学中粒子的可能轨迹相一致;任何物体伴随以波,而且不可能将物体的运动与波的传播分开。

1924 年夏天,德布罗意将上述三篇论文的内容总结提高,写成了题为《量子理论的研究》的高水平博士论文。在这篇博士论文中,他完整、逻辑地阐述了物质波(也称德布罗意波)的理论,并提出了著名的德布罗意波粒二象性假说:

任何微观粒子既是一种粒子,又是一种波动,粒子的动量 p 与粒子运动的波长 λ 之间的关系为:

$$\lambda = \frac{h}{p} \tag{2.4}$$

这就是著名的非相对论德布罗意关系。当时有人向德布罗意提问道:"怎样用实验来证明这些物质波呢?"他对此早有考虑,回答说:"用晶体对电子的衍射实验可以做到这一点。"

为了对波粒二象性假说有更深刻的理解,我们举例来说明之。

【例】 (1)有一自由电子,质量为 m,用电压 $V = 100$ 伏将其加速,则加速后电子的速度 v 满足

$$\frac{1}{2}mv^2 = eV$$

电子的动量为

$$p = mv = \sqrt{2meV}$$

据(2.4)式得电子的波长

$$\lambda = \frac{h}{p} = \frac{h}{\sqrt{2meV}} = 1.23 \times 10^{-10} \text{米}$$

此值可用电子-晶体衍射实验测得(见下节)。

(2)有一微尘,质量 $m = 10^{-2}$ 克,速度 $v = 1$ 厘米/秒,据(2.4)式,该微尘的波长为

$$\lambda = \frac{h}{p} = \frac{h}{mv} \approx 6.6 \times 10^{-22} \text{米}$$

此值迄今无法测量!

(3)有一子弹,质量 $m = 20$ 克,速度 $v = 500$ 米/秒,据德布罗意关系,该子弹的波长为

$$\lambda = \frac{h}{p} = \frac{h}{mv} \approx 6.6 \times 10^{-40} \text{米}$$

此波长也无法测量。

至于一般的宏观物体(如人、列车、天体等),其波动性更无法测量。这也是为什么人们更倾向于"宏观物体具有粒子性"这一认识的原因之一。事实上,对宏观物体来说,经典物理已足够精确,没有必要动用量子理论。

2.2.5　波粒二象性假说的验证

1. 戴维逊-革末实验

微观粒子的波粒二象性假说是整个量子力学的基础,因此,假说的正确与否以及精确程度直接关系到量子力学的命运。这使对该假说的实验证明特别引人关注。

最早从实验上证明电子具有波动性的是美国的戴维逊(C. J. Davisson)及其合作者革末(L. H. Germer)。1926 年,他们将具有一定能量的电子束投射到镍单晶表面,如图 2.6 所示。

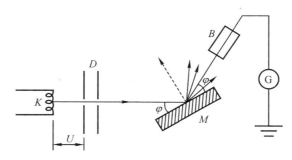

图 2.6　电子在晶体表面衍射实验示意图

从加热灯丝 K 出来的电子经电势差 U 加速后,通过一组栏缝 D 成为很细的平行电子射线。它们以一定角度投射到镍单晶表面 M 上,经晶面反射后用集电器 B 对其进行收集,并用电流计 G 来量度。由于镍单晶表面的原子是周期性排列的,它的作用相当于一个"原子光栅",其"光栅常数"(即晶体中某晶面原子之间的距离)约为 10^{-10} 米数量级——正好和电子的波长相近,因此它对电子波动有衍射作用(请参照第一章中的 1.3.4 节)。这的确是一个绝妙的想法!根据衍射原理,对于具有一定波长(即一定能量)的电子波动,当入射角 φ 变化时,即电子波束与晶面的夹角发生变化,衍射到集电器 B 的电子数目大小应有交替变化,即 G 中的电流大小应交替变化。实验测得的衍射极大所对应的加速电压、入射角以及晶面间距(即晶格常数)与(2.4)式的理论计算值完全一致,从而有力地支持了德布罗意的波粒二象性假说。

2．光的波粒二象性

早在 17 世纪，牛顿在他的《光学》一书中就曾对光的本质问题有过明确的论述，他认为光是由很小的微粒组成的。牛顿的微粒学说成功地解释了几何光学中的折射和反射现象。同时代的荷兰物理学家惠更斯提出了光是一种纵向波动的学说，并导出了光的直线传播规律、反射折射定律，还解释了光的双折射现象。从此，光的微粒说与波动说之间，争论一直不止。

直到 19 世纪初，在菲涅耳、夫琅和费（J. Fraunhofer）和杨氏 等人以令人信服的实验事实和完美的理论证实了光的干涉、衍射现象之后，光的波动学说才为人们所普遍接受。到了 19 世纪末，麦克斯韦电磁场理论肯定了光是一种电磁波，使光波与电磁波得以完美地统一起来。至此，光的波动学说似乎取得了决定性的胜利。

可是到了 20 世纪初，对光的本性的争论再度兴起高潮。爱因斯坦的光电效应学说以及后来的康普顿散射实验雄辩地证明了光具有粒子的属性；但光的波动属性也是得到大量的干涉和衍射实验支持的。矛盾的关键到底在哪里呢？德布罗意的波粒二象性假说对这一问题作了十分完美的回答：光是一种微粒，但它是一种具有波动性的微粒。它使人类在"否定之否定"之后对光的本性的认识有了一个螺旋式的上升。

3．互补性原理

微观粒子的波动性和粒子性的统一致使玻尔领悟到了一种深奥的自然原理，即互补性原理。该原理指出：既然微观粒子具有波粒二象性，而且波动特性和粒子特性不会在同一测量中同时出现，那么，这两种特性也就不会在同一实验中直接冲突；另一方面，尽管波和粒子这两种经典概念是互斥的，但它们能完整、全面地描述微观现象和过程，从这个意义上说，波和粒子两种描述是互补的，缺一不可的，尤如绘画中的互补色、音乐中的互补音符一样。

例如，在用三棱镜将白光分散而出现彩虹的实验中，光的行为像波，而不像粒子；在光电效应实验中，光是粒子而不是波。在任何一次实验中，光的波动和粒子特性都不会同时出现。但波动和粒子两种特性都是光的固有属性，这两种描述是互补的，缺一不可。换言之，只有对光的这两种属性均有了正确的了解，才能说对光的本性有了全面的认识。

众所周知，物体的形象与观察的角度有关。只有从多个方面对某物体进行观察,才能得到该物体的全部信息。物理测量的精度与所使用的光表现出哪种属性有关:对于几何光学适用的宏观系统,光的经典粒子属性表现得十分明显;但在波动光学尺度,即约在 10^{-6} 米尺度,光则更显示出它的波动特性;到了微观领域,尺度小于 10^{-7} 米,光则作为一种量子而存在,波粒二象性是它的表现形式。

对光在这三个层次上的描述都是必要的,互补的。

在我国古代哲学思想中,也曾出现过类似玻尔互补性原理的某些论述。例如我国道教的"阴阳"学说等。著名物理学家惠勒(J. A. Wheeler)在1981年10月到中国访问时说过:"在西方,互补观念似乎是革命性的。然而,玻尔高兴地发现,在东方,互补观念乃是一种自然的思想方法。为了采用象征性的方法来表述互补性,玻尔选择了中文的'阴阳'……"

2 000 多年前的公孙龙曾在他的《离坚白·命题》中作了如下描述:"视不得其所坚,而得其所白者,无坚也。拊不得其所白,而得其所坚者,无白也。"意思是说:看一块白色硬石块,只能看到它的白颜色,而不能感受其坚硬;用手摸石,则可知其坚硬,但无法知其颜色。这在实质上也关涉到了"互补"性概念。

玻尔的互补性原理从哲学的角度概括了微观粒子的波粒二象性,对量子力学的发展起到了重要作用。

2.2.6 对波粒二象性假说的进一步说明

在上一节里,我们对德布罗意的波粒二象性理论作了介绍。粗看起来,其理论理直气壮,无懈可击。但事实上,还有许多更深层次的问题尚未涉及,而要真正理解物质波的概念还非常遥远。下面两个例子也许会使读者体会到这种感觉。

1.量子波——概率分布

在上面的描述中,我们只是说所有的微观粒子都具有波的属性,但我们并没有说清这种波属于何种类型的波? 是纵波还是横波? 按传统的观念,粒子是实物的集中形态,波是实物的传播形态。实物粒子既是粒子又是波,此话似乎矛盾。一个粒子不可能同时处在两地,而波(如电磁波)则在一个广延的空间范围中同时发生。

当时许多量子力学创始人(包括德布罗意本人在内)对物质波本性的见解

受到经典物理概念的影响。他们把物质波看成是经典概念下的波，粒子只是由许多频率不同的波组合起来的一个波包，波包的尺寸即为粒子的大小，波包的群速即为粒子的运动速度，波包的活动表现出粒子的性质。但这样一幅图象立即被实验所否定。例如在电子衍射实验中，如果把电子看作是由许多频率不同的波组合起来的一个波包，那么经过衍射之后，不同频率的波的衍射方向不同。当从不同方向观察电子时，只能看到"电子的一部分"，这与实验事实严重矛盾。

另一种观点认为：粒子是基本的，波只是大量粒子在空间分布疏密程度的变化，它类似于空气振动形成的纵波。但如果物质波是大量粒子在空间分布的疏密变化，那么单个粒子就不具有波动性。然而事实并非如此。如在电子衍射实验中（见图 2.6），将电子束调节得很稀疏，从而使电子一个接一个地打到晶体表面，衍射条纹依然出现。这说明单个电子就具有波动性。

1926 年 6 月，德国物理学家玻恩（M. Born）在题为《碰撞现象的量子力学》的论文中，对德布罗意波的本质给予了深刻的揭示，指出：微观粒子的波动性可用一个波函数 $\psi = \psi(r)$ 来描写，波函数的平方 $\psi(r)^2$（如果 ψ 是复数，$\psi(r)^2$ 应改写成 $\psi(r) \cdot \psi(r)^*$）正比于在空间位置 r 发现该粒子的概率。因而 $\psi(r)^2$ 被称为概率密度。可见，量子力学只告诉我们在空间某处发现某个实物粒子的概率与德布罗意波的波函数的平方 $\psi(r)^2$ 成正比，而没有告诉我们该粒子某时某刻到底在什么地方，也没有说明该粒子是如何从某处运动到另一处的，亦即没有粒子"路径"的概念。这似乎有些遗憾，但事实上，这才是对微观粒子波粒二象性的精确解释。牛顿力学以确定论和决定性来回答问题，而量子力学则是以可能性和概率统计来解决问题，同样给予我们精确定量的科学结论，因为可能性和必然性是相对的，且可以互相转化的，可能性的极端即为必然性。

由于玻恩提出了正确的德布罗意波概率分布的解释，导致了后来描写微观粒子的动力学波动方程——薛定谔（E. Schrödinger，1887~1961）方程的诞生，它在量子力学中的地位就相当于牛顿方程在经典力学中的地位一样。

在历史上，曾经有过一次关于量子力学完备性的大论战，其中触及到了量子力学的哲学基础。爱因斯坦、薛定谔等人坚决反对量子力学的概率解释，并认为单个微观粒子的运动同样应该具有必然性，同样应该服从严格的因果律。1926 年，爱因斯坦在写给玻恩的信中直言不讳："我无论如何深信上帝不是在掷骰子"。1944 年，他又给玻恩写信说："我信仰客观存在的世界中的完备定律和秩序,我要用这种信仰和思维方式去把握这个世界。"

但是以玻尔为代表的哥本哈根学派却针锋相对,认为单个微观粒子的运动状态具有偶然性,不服从严格的因果律。按照他们的观点,微观现象只受统计性的因果律支配,即只有微观现象的过程发生的概率表现出因果律。微观粒子服从一种全新的量子统计规律,它与经典统计有本质上的区别:经典统计的每个事件均受到因果律的支配,而量子统计中的每个事件不受因果律的支配;经典统计是对大量粒子运动状态的统计平均,而量子统计则可以是对单个粒子运动状态多次测量的统计平均。

量子力学的辉煌成就已经确认了哥本哈根学派的胜利,这场玻尔-爱因斯坦论战也因此而告一段落。不过人们不会忘记这场论战使双方的科学思想达到了一个崭新的高度,它对现代哲学研究提出了一系列尖锐的问题,对现代科学技术的发展产生了重大而深远的影响。

2. 电子双缝干涉实验

1961年,德国学者约恩孙(C. Jönsson)成功地完成了电子双缝干涉实验,如图2.7和图2.8所示。它采用经50千伏电压加速的电子,波长约为0.005纳米,狭缝宽0.3微米,两缝间距为1微米,观察屏幕与狭缝间距$L=0.35$米。

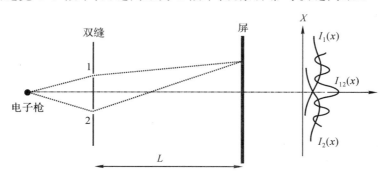

图 2.7 电子双缝干涉实验示意图

实验发现,当电子一个一个入射时,不论入射电子如何稀疏,只要时间足够长,入射的电子足够多,屏幕上就会出现由一个个电子轰击的曝光亮点所组成的干涉条纹。这说明单个电子就具有波动性,这种波动性并不是由微观粒子相互作用而产生的,而是微观粒子本身固有的属性。按上述德布罗意

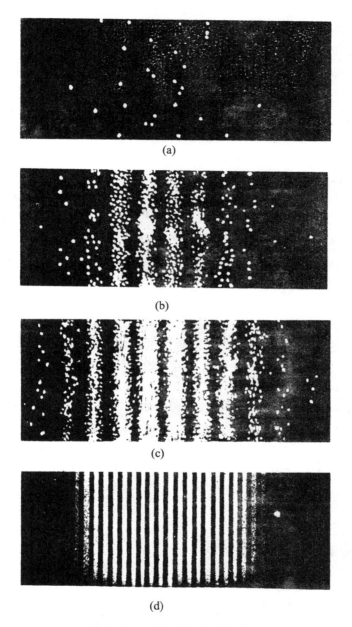

(a)

(b)

(c)

(d)

图 2.8　电子双缝干涉条纹

[由(a)到(d),电子数逐渐增加]

波的概率分布解释,在图2.7和图2.8中,每个电子都是"自我干涉",因此我们完全无法预测某个电子将通过哪条狭缝和将落到屏上哪个部位,但是大量电子的行为(即图2.8)却是完全可以预料的。

按传统观念,当某电子通过缝1时,应该说,缝2是否打开对该电子不应有任何影响;同样,当电子通过缝2时,缝1是否打开对其结果也不应产生任何影响。若果真如此,缝1和2同时打开时,屏上的电子强度分布I_{12}(r)应是分别打开时的强度$I_1(r)$和$I_2(r)$之和。但实验结果并不像我们预料的那样简单(见图2.7和图2.8),即$I_{12}(x) \neq I_1(x) + I_2(x)$,而是形成了明暗相间的干涉条纹!这只能说明对于任一穿过双缝的电子,缝1和缝2同时在起作用,似乎"电子是同时通过缝1和缝2的"!但另一方面,迄今为止,在小于10^{-17}米的范围内,我们尚未发现电子有任何结构,电子的半径必定小于10^{-17}米。那么如此细小的电子怎么会具有这种奇妙的"分身术"呢?

事实上,量子力学不能告诉我们电子究竟是如何通过双缝的经典物理图象,但它可以预言任一电子出现在缝1的几率和出现在缝2的几率,由此我们便可以求得所有可与实验进行比较的物理量。换言之,量子力学描绘出了一幅神奇的电子穿过双缝的量子物理图象。由此可以看出量子力学中具有统计意义的因果论含意的深刻性:单颗微观粒子的运动不受因果律支配,但大量粒子运动的统计平均,或单颗粒子多次运动的统计平均符合因果律!它与牛顿的"经典因果决定论"截然不同。

从上面两个问题中,我们会感到德布罗意波远比我们熟知的经典波动复杂而深刻,对这种物质波的完整理解也显得很不习惯。的确,量子理论对我们心灵深处的信念和思维方式的强烈冲击是不可抗拒的。由于对上述问题更深层次的理解还有赖于量子力学的进一步发展,因此,我们对德布罗意波的讨论只能暂且告一段落。

2.3　海森堡测不准原理

看到本节的标题,许多人会感到"荒唐"!按照经典物理学的规则,"测不准"应该是测量者或测试仪器能力的限制,而不能称作"原理"。其实不然。1927年,德国物理学家海森堡(W. Heisenberg)向我们揭示了一个全新的科学定律——人类对真理的探索受到了一个最终极限的限制。在人类科学史上，这是第一次由一条自然定律告诉我们：人类在对宇宙奥秘的探索过程中，第一次触及到了一个有关精确程度的极限，一个严格的不可逾越的极限。

在上一节已经提到，在量子力学中没有粒子路径的概念。海森堡曾一直被这个问题所困惑。如果电子像波一样而没有路径，那么为什么我们能通过威尔逊云室观察到粒子的径迹呢？经过一番思考之后他清楚了：云室中的所谓"径迹"是电子穿过云室中的饱和酒精蒸汽时留下的蒸汽水珠轨迹。看起来水珠很小，但比电子直径大亿倍以上，因此蒸汽中的水珠轨迹并不是电子的真正路径。

海森堡发现：在同时测量电子的位置和动量时，总有一些不确定性，并且永远无法消除。他指出：当我们要测量电子的"位置"时，我们必须要借用一些实验，对"电子的位置"进行测量。例如我们在一台光学显微镜下对电子进行测量，测量的最高精度受到光波长的限制，波长越短，精度越高。但测定电子位置的过程即是光子被电子散射的过程，它使散射后电子的动量产生一个不连续的改变，所用光的波长愈短（即光子的动量愈大，见(2.4)式），则电子的位置测得愈精确，但电子的动量改变就愈大，也就是说我们对电子的动量知道得愈不精确，反之亦然。

经过粗略的推导，海森堡得到了一个测不准关系式。他的论文在 1927 年夏发表了。接着，苟纳达（Kennard）根据量子力学的基本假说，用严密的数学推导，巧妙地推导出了著名的测不准关系（也称不确定关系）：

·对于坐标为 x、动量为 p 的微观粒子，其不确定范围分别为 Δx 和 Δp，则它们之间满足

$$\Delta x \cdot \Delta p \geqslant h \tag{2.5}$$

·对于能量为 E、寿命为 t 的微观粒子，其不确定范围分别为 ΔE 和 Δt，则它们之间满足

$$\Delta E \cdot \Delta t \geqslant h \tag{2.6}$$

其中 h 是普朗克常数。

上述关系告诉我们一个真理：由于微观粒子在客观上不能同时具有确定的坐标位置及相应的动量，其坐标及动量不可能同时被测准；同样，由于微观粒子在客观上不能同时具有确定的能量及寿命，其能量及寿命也不可能同时被测准。我们要强调的是：在这一陈述中，"同时"二字是必要的。如果不是

同时测量,我们完全可将 x,p,E,t 诸量测得十分精确。

当要精确测量粒子的坐标时,即 $\Delta x \to 0$,必定要求 $\Delta p \to \infty$,也即粒子的动量完全不确定,否则(2.5)式不可能满足。同理,若要精确测量粒子的动量,即 $\Delta p \to 0$,必定要求 $\Delta x \to \infty$,也即粒子的位置完全不确定,否则(2.5)式也不可能满足。按(2.6)式,对 E 和 t 也有同样的结论,它暗示:单颗微观粒子的运动不服从能量守恒律,但大量粒子运动的统计平均或单颗粒子多次运动的统计平均符合能量守恒律! 这一结论也已得到了大量实验的证明。

另外,我们注意到苛纳达的数学推导是建立在量子力学的基本假说基础之上的,这说明海森堡的测不准关系已包含在量子力学的基本假说(即波粒二象性假说)之中。

【例】 (1)已知氢原子的半径约为 $\Delta x \approx 0.53 \times 10^{-10}$ 米,核外电子动量约为 $p = 10^{-23}$ 千克·米/秒,则按照(2.5)式,动量的不确定范围(这里只是作数量级的估计,因此以下计算中可将(2.5)式中的"$\geqslant$"改写成"$\approx$")

$$\Delta p \approx \frac{h}{\Delta x}$$

测量动量的最小相对误差为

$$\frac{\Delta p}{p} \approx \frac{h}{p \Delta x} \approx 6.3$$

显然,当把氢原子中的电子位置测量精确到 10^{-10} 米数量级时,电子动量的误差比动量本身还大。换言之,此时电子的动量完全不能确定。事实上,原子内部并没有经典轨道可循,其中的电子运动更像是疏密变化的"电子云"弥散在原子内的空间,空间某区域"电子云"的浓度就是电子出现在该区域的几率。我们可以用量子力学的原理求出电子在所有空间的几率分布,并由此求出所有可与实验进行比较的参数的精确值,但是我们无法知道某时刻电子究竟在哪里,我们也不可能知道电子究竟是如何从某处运动到另一处。由此我们可以看出:量子力学的因果律具有统计意义,牛顿的——对应的经典因果决定论在这里失去意义。

(2)一个宏观小球质量 $m = 1\,000$ 克,速度 $v = 10$ 米/秒。如果对此球位置的测量精度为 $\Delta x = 10^{-6}$ 米,在宏观系统中这已足够精确了。此时小球的动量的相对误差为

$$\frac{\Delta p}{p} = \frac{h}{p \Delta x} = \frac{h}{m v \Delta x} \approx 6.6 \times 10^{-28}$$

所以，对于宏观小球来说，尽管对其位置的测量精度已经很高，它的动量仍然可以同时被精确测量。这个例子说明，在宏观领域，完全没有必要动用海森堡测不准原理。

（3）质量为 1 000 千克的小汽车，以 $v = 10$ 米/秒的速度开进一尺度为 $\Delta x = 2$ 米的车库。经过简单的计算便可求得

$$\frac{\Delta p}{p} \approx 6 \times 10^{-38}$$

可见，汽车的动量是完全确定的。也就是说，我们完全可以精确地控制车速。因此，不必担心汽车会由于动量的不确定性而车速太快，甚至冲进主人的卧室。

测不准原理指出了使用经典粒子运动概念的限度，划分了经典物理与量子力学的界限。由不确定关系(2.5)和(2.6)式可以看出，如果在具体问题中，普朗克常数 h 是一个微不足道的小量，即可以认为 $h \to 0$，则 $\Delta x \cdot \Delta p \to 0$，$\Delta E \cdot \Delta t \to 0$。这意味着 Δx 和 Δp 可同时趋向零，ΔE 和 Δt 也可同时趋向零。因此，任何粒子的 x 与 p 以及 E 与 t 均可同时被测准，这便是经典物理的适用范围。然而，在微观领域，h 是不可忽略的，这时就必须考虑粒子的波动属性，必须用不确定关系等量子力学方法来处理问题。

量子力学所提供的精确定量的结果与微观粒子实际物理状态的不确定性也许永远是一对矛盾。好在对人类社会而言，这一矛盾解决与否并没有很大关系。具有革命意义的量子力学已在低速微观领域为人类文明作出了巨大的贡献，人们关心更多的是问题的正确结果，而对问题的实质以及哲学道理的关心并不是最迫切。

2.4　科学的否定观

从量子力学否定牛顿力学的事例中，我们即可概括出科学否定的一般规律：客观、扬弃和创新。

首先，科学的否定以客观事实为依据，而且对客观事实的描述应该是精确、定量、客观可重复的。当年普朗克根据实验结果提出了黑体辐射量子假说，后来连他自己都不敢相信；量子理论诞生初期，很多人（包括爱因斯坦）对其中的许多量子原理的正确性是持怀疑态度的。但后来一个又一个精确的实

验证明了量子假说的正确性,量子力学在低速微观领域中对牛顿力学的否定便是不言而喻的了,因为它是建立在强有力的实验事实基础之上的。相对论创立初期也是没有人相信的,而且还引来了众多著名学者的联合批判。后来,是一个又一个精确、定量、客观可重复的实验证据说服了所有的科学家,征服了整个世界!在这一方面,不管是哪位权威人士怎么说,不管他是如何保证的,也不管有多少人相信等等,均没有任何科学否定的效果,正如我们在第一章第1.1.4节中所说的那样。

其次,科学的否定是"扬弃",是"包容",而不是全盘否定,如图2.9所示。按照科学的否定观:B 理论否定A 理论并不是说 A 理论一无是处,在A 理论所适用的条件范围内,它永远是对的,永远是(相对)真理,因为它也是被大量实验事实所证明了的。只是当超出 A 理论所适用的条件范围时,它要被更先进、更精确、适用条件更广的 B 理论所取代;如果 B 理论是更先

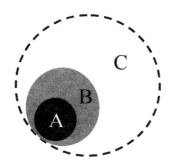

图 2.9　扬弃:B 理论包容 A 理论,C 理论包容 A 和 B 理论。

进的理论,那么在 A 理论所适用的条件范围内,A 理论与 B 理论应该是完全一致的;再者,即使 B 理论成功否定了 A 理论,也不是说 B 理论就是"绝对正确",B 理论仍然是相对真理,它只在一定的条件范围内成立。随着研究的不断深入,B 理论必将被更精确、适应范围更广的更高层次的 C 理论所替代……如此不断发展,人类文明不断进步。

量子力学具有精确一致地解决关于原子和分子结构、原子和分子光谱、射线、元素周期表结构、激光、超导电性、晶体管以及其他许多现代高科技问题的能力。在人类的现代文明中,其威力似乎使古老的经典物理学失去了光泽。但正确的评价并不完全是这样。

在低速宏观领域,如行星运动、卫星发射、导弹和飞机的飞行等,牛顿力学仍然并将永远是精确可靠的理论基石,宏观世界的定律还将继续保持其确定性的面目。而在微观领域,取而代之的是量子理论,其定律具有统计意义,给予我们精确完美的量子统计结果。两种理论都是人类发展史上的重要里程碑,只是量子力学更先进,更精确,适用范围更大,它完全覆盖了牛顿力学的适用范围。

另一方面,量子力学在低速微观领域里对经典物理学的否定以及它所取得的辉煌成就并不能说明它是"放之四海而皆准"的。事实上,与其他所有真理一样,量子力学也是一个相对真理,也只能在某一层次上适用。超出一定的范围,它必然要被更先进的理论所替代。例如,在高速微观领域,以上描述的量子力学已被相对论量子力学所科学否定;在具有粒子产生和粒子消灭的系统中(即在高能领域),量子场论才是解决问题的关键性理论等等。人类科学事业的发展是由相对真理向绝对真理的不断趋近,引导人类文明向更高层次发展,永远不会停息。

最后,科学的否定均伴随着重大的突破和创新。对旧理论的否定固然是科学研究的重要任务之一,但这是远远不够的,还必须建立新的理论。一方面,新理论是解释已有实验事实所要求的;另一方面,新理论将提出更多可被更精确实验验证的预言,迎接下一步更高层次的科学否定。(有关创新的话题,我们在第 9 章中还将详细阐述。)

参考文献

1　杨福家. 原子物理学. 北京:高等教育出版社, 1988 年

2　向义和. 大学物理导论(上册). 北京:清华大学出版社,1999 年

3　罗杰·S·琼斯. 明然,黄海元译. 普通人的物理世界. 南京:江苏人民出版社, 1998 年

4　王锦光,洪震寰. 中国古代物理学史话. 石家庄:河北人民出版社, 1981 年

第3章 量子力学——现代
高科技的基石之一

　　有这么一个故事:当年法拉第向英国皇家学会会员们演示电磁感应现象时,曾使得整个会场为之震惊和兴奋。有一位一向给予皇家学会以物质帮助的富商走到法拉第跟前问道:"法拉第先生,您在这儿讲解的一切实在太妙了,现在请您告诉我,这种电磁感应现象将会有什么用处呢?"法拉第反问道:"那么刚刚降生的婴儿又有什么用处呢?"显然,那位商人的过分性急使得法拉第感到十分不快。

　　然而,当一个崭新的理论诞生以后,"它有什么用处"的确是一般民众所最关心的事情。在普朗克、玻尔、爱因斯坦以及泡利等人创立的旧量子理论基础上,又经过了多年努力,约在1925～1928年间,由海森堡、玻恩、薛定谔和狄拉克等人终于建立起完整的量子力学体系。人们不仅要问,历经千辛万苦而创立的量子力学究竟能给人类带来什么呢? 事实上,量子力学与相对论一起,构成了近代物理学的两大理论基石,在20世纪引发并导致了一个又一个划时代的重大发明,正是这些发明创造把人类文明推向了一个崭新的阶段。

3.1　趋向导电极限的超导体

　　1911年,荷兰物理学家昂纳斯(H. K. Onnes)在研究水银的电阻-温度特性时,发现水银的电阻 R 在温度 $T \leqslant 4.2K$ 时突然降为零,如图3.1所示。当时昂纳斯将这种现象称为超导现象。物质的这种特性称作超导电性,简称超导。具有超导电性的材料称为超导体;电阻突然消失的温度称为超导转变温度,也称超导临界温度,通常用 T_c 表示。

　　按导电性能划分,通常的固体可分为导体、半导体和绝缘体。昂纳斯的发现,开拓了超导物理学的新领域。1933年,迈斯纳(W. F. Meissner)和奥森菲尔德(R. Ochsenfeld)发现了超导体的完全抗磁性;1957年,原苏联物理学家阿伯里考索夫(A. A. Abrikosov)从理论上预言了第二类超导体的存在,并在 60 年代得到了实验的证实。1957 年,巴丁(J. Bardeen)、库柏(L. N. Cooper)和薛里夫(J. R. Schrieffer)三人根据量子力学的基本原理,提出了著名的 BCS 超导理论,揭示了人们长期捉摸不清的常规超导起因。1962 年,约瑟夫森(B. D. Josephson)效应的发现,奠定了超导弱电应用的基础。70 年代以后,超导现象逐渐在强电和弱电方面得到了应用。显示出了无可比拟的优越性。1973 年,人们又发现了 $T_c = 23.2K$ 的铌三锗(Nb_3Ge)超导薄膜,这一 T_c 纪录一直保持到 1985 年。由于铌三锗的超导状态($T < 23.2K$)仍需通过昂贵的液氦冷却而得到,因此大大限制了当时超导体的实际应用范围。寻找高 T_c 材料的工作十分艰难。

1986 年 4 月,IBM 苏黎世实验室的贝德诺尔茨(J. G. Bednorz)和缪勒(K. A. Müler)宣布:在镧-钡-铜-氧(La-Ba-Cu-O)超导体系中可能具有高温超导电性,T_c 可能达到 35K。随后中国科学院物理研究所的赵忠贤、美国的朱经武等人得到了 T_c 高于 90K 的钇-钡-铜-氧(Y-Ba-Cu-O)超导体系,创下了超导转变温度突破液氮温度(77K)的纪录,从而使得超导电性的大规模应用成为可能。

3.1.1　超导体的奇异特性

超导体最基本的特性是零电阻、完全抗磁性(即迈斯纳效应)以及约瑟夫森效应。

1. 零电阻现象

氦气是一种极难液化的气体,在 20 世纪初曾被称作“永恒气体”。1908 年,昂纳斯率先将氦气液化。在一个大气压下,液氦的温度为 4.2K。若再通过减压蒸发,可得到 1K 左右的极低温,这是当时人类所能到达的最低温度。随后,昂纳斯开始研究在这个温区中的电阻行为。由于水银(Hg)易于用蒸发方法提纯,昂纳斯首先测量了水银的低温电阻,发现了一个非同寻常的现象:在温度 $T = 4.2K$ 附近,水银的电阻 R 突然下降到零,即电阻完全消失,如图 3.1 所示。

为严谨起见,有必要对“电阻完全降为零”这一表述作出说明。如图 3.2 所示,超导环中的永久电流实验是证明电阻完全消失的最灵敏实验。这种超

导电流 i 可通过电磁感应方法产生,一经产生,就持续流动,一年之内观察不到任何减弱。实验证明,这种电流的特征衰减时间下限约为 10^5 年,而事实上,在绝大多数情况下,在小于 10^{10} 年内,我们绝对觉察不到这种电流的任何变化。

因此,完全导电性是超导电性的标志之一。

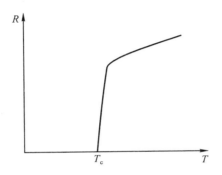

图 3.1　超导体的电阻—温度关系　　　图 3.2　超导环中的永久电流

表 3.1 列出了部分超导元素的 T_c 值。在研究超导的历史上,人们曾试图通过超导元素在元素周期表中的位置分布来寻找超导材料。但后来人们发现:超导元素在周期表中的分布是无规律的,这无疑给寻找超导材料带来了麻烦。另外,人们还发现了一个规律:一般良导体以及铁磁材料不具有超导电性,如金、银、铜、铁等至今仍未发现有超导性能。这就意味着电阻越接近零(即导电性能越好)的材料,其电阻越难到达零。物理学家们感叹:"零电阻"越是可望,越不可即也!从哲学角度来看,这一现象也是极有启发性的。

昂纳斯是幸运的,因为他发现超导现象具有一定的偶然性。假如他当时不是采用水银作为研究对象,而采用 T_c 低于 1K 的材料(见表 3.1)来研究的话,那他很可能发现不了零电阻现象,超导物理的历史将会是另一番情景。另一方面,昂纳斯发现超导现象又具有必然性的一面。因为当时他率先液化了氦气,掌握了当时最先进的低温技术,达到了当时的最低温度,因此他应该是最有可能在这一领域取得成功的人。从这里我们看到,偶然性和必然性在这段历史中没有明显的界线。遇上机遇固然重要,但有眼力认识机遇,有能力抓住机遇更重要。

表 3.1　超导元素的 T_c 值

元素	符号	临界温度 T_c(K)
水银	Hg	4.2(1911 年)
钨	W	0.012
锌	Zn	0.844
锡	Sn	3.72
铅	Pb	7.201
铌	Nb	9.26
铌三锗	Nb_3Ge	23.2（至 1985 年）

从表 3.1 中我们可以看出：从首次发现超导现象算起,在 1911~1985 年间,超导临界温度 T_c 仅从 0.012K(W)增至 23.2 K (Ge₃Nb),每年 T_c 的平均上升速率 S 仅为

$$S = \frac{23.2 - 0.012}{1985 - 1911} \approx 0.3(\text{K/年})$$

这个极其缓慢的上升速率是无法令人满意的。由此我们就不难理解,1986年,当高温超导体 Y-Ba-Cu-O 系列的 T_c 值猛然突破 77K,即液氮温度,达到 90K 以上时,整个世界为之振奋的激动场面。

2.　完全抗磁性(Meissner 效应)

超导体的第二个标志是完全抗磁性。这个实验现象是迈斯纳和奥森菲尔德在 1933 年发现的。他们不仅发现磁场不可能进入超导体,如图 3.3 所示;而且还发现原来为正常态的样品,磁场可进入其中,但当被冷却到 T_c 以下时,样品中的磁场也被排出。进一步的实验还发现,这种完全抗磁性是由于超导体表面的表面超导电流引起的。

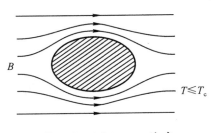

图 3.3　Meissner 效应

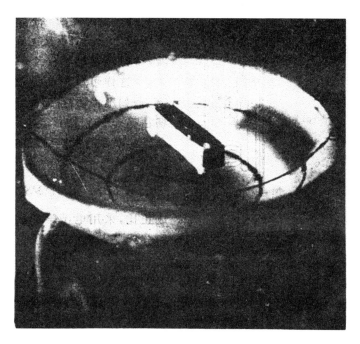

图 3.4　超导体悬浮磁体

　　超导体的完全抗磁性导致了有趣的磁悬浮现象。如图 3.4 所示,用铅 (Pb)做成一个小碗,并将一磁体放入其内。当 $T \geqslant T_c$ 时,铅碗是正常态,磁体与铅碗接触;当 $T \leqslant T_c$ 后,铅碗进入超导态,磁场被排出铅碗,磁体则被悬浮于铅碗之上。这是一种稳定的磁悬浮现象,它与两个常规异性磁极之间的不稳定排斥力全然不同。

　　完全抗磁性是超导体的重要特征之一,只有同时具有零电阻性和完全抗磁性的材料,才是真正的超导体。

　　上面所描述的是第一类超导体的抗磁性行为,后来人们又发现了所谓第二类超导体。这种超导体在从正常态转变为超导态的过程中,存在一个过渡的中间态,在处于中间态时,材料虽仍保持零电阻特性,但其内部磁场并不是零,而是由许多磁力线束排成相互平行的点阵结构,磁力线通过的线束内为正常态,如图 3.5 所示。当外磁场增加时,只能增加磁力线束的数目,而不能增加每根线束内的磁通量,即所谓的磁通量子化。实验证明:每束磁力线均被超导电流环绕,这些电流屏蔽了磁力线束中的磁场对外面超导区的影响。第二

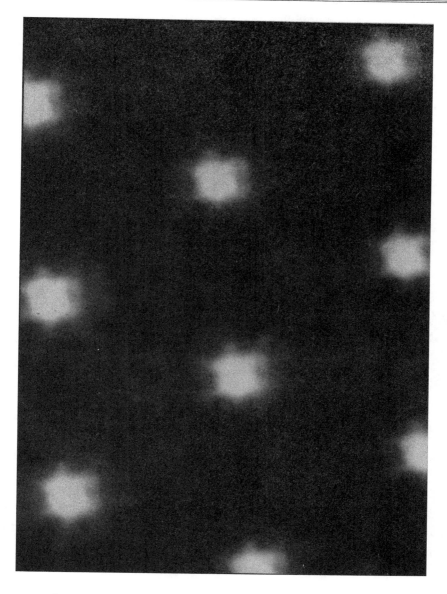

图 3.5　2H-NbSe$_2$ 超导体中的磁力线束点阵的 STM 照片，
束核间距为 150 纳米
（引自 Physica C，185～189 (1991) 259，H. F. Hess）

类超导体具有很强的载电流能力,载流密度高达 10^5 安(培)/毫米² 以上,因而它是一种在强电应用方面很有价值的材料。

3. 约瑟夫森(Josephson)效应

1962 年,约瑟夫森运用量子力学基本原理,从理论上预言了约瑟夫森效应,使当时的超导学界大为震惊。

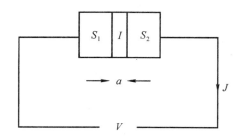

图 3.6　约瑟夫森效应示意图

如图 3.6 所示,在两块超导体 S_1 和 S_2 之间,夹一层绝缘材料 I,其厚度为 a,一般仅为 3～10 层原子,这种结构称作超导体-绝缘体-超导体结,简称 S-I-S 结。约瑟夫森效应的内容可归纳如下:

·当外加电压 $V=0$ 时,电流 J 仍存在,且 $J=J_c\sin(\varphi)$,其中位相 φ 值与绝缘层厚度 a 有关,J 小于或等于常数 J_c。

·当 $V\neq0$ 时,J 为交流电,其频率为 $f=\dfrac{2eV}{h}$,h 为普朗克常数,e 为电子电量。

这些理论预言现已得到一系列实验的证实。目前,约瑟夫森效应已在超导弱电应用方面(如磁强计、电压标准等)取得了巨大的成功,它具有无可比拟的精确度(见下文)。

3.1.2　超导原理

超导现象发现以后,人们曾用多种理论对其进行解释,取得了一定的成果。

例如伦敦兄弟(F. London,H. London)在 1935 年运用麦克斯韦电磁场理论,提出了伦敦方程,成功地解释了磁场在超导体表面的穿透深度以及完全抗磁性现象。前苏联科学家阿伯里考索夫应用京兹堡-朗道(Ginzburg-Landau)理论,在 1957 年求得了全新的涡旋线和磁通点阵的周期结构,预言了第二类超导体的存在等等。这些理论均在某些方面取得了成功,但由于它们都属于唯象理论,不可能从微观机制上揭示深刻的超导机理。

实际上,超导电性是一种量子效应的宏观表现,只有量子理论才能给予正确的解释。迄今为止,对于常规超导体而言,最成功的是所谓 BCS 理论,它是巴丁、库柏和薛里夫根据量子力学的基本原理,于 1957 年共同创立的超导微观理论。

按照 BCS 理论,超导体中晶格原子的振动能量是量子化的(即它是不连续的)。晶格原子与具有波动性的电子相互作用时,其能量的交换也是量子化的。当 T 降至 T_c 以下时,超导体内部的电子波动,通过各自与晶格原子交换能量量子(称为声子),形成具有吸引力的电子对,称为"库柏对",每一库柏对中的两个电子的动量大小相等,方向相反。这就是产生超导现象的根本原因。

这是一幅完全量子力学的图象。在经典物理学中,由于同性相斥原理,要使电子之间产生吸引作用是不可能的。这也就是当时探索超导理论之所以艰难的原因之一。"可能"与"不可能"是相对的,在某时刻不可能的事,在另一时刻也许是可能的;在某空间不可能的事,完全可能在另一空间出现。可能性及其大小因人而异,因时空而变化。在古代被认为是虚幻的传说,如上天、入地、点金术、千里眼、顺风耳、飞毛腿、风火轮等,如今均已成为现实。"Today's fantasy is tomorrow's possibility"。BCS 理论所描写的超导状态下的两个电子,通过与原子的量子相互作用,具有微弱吸引力的图象也已得到了实验事实的有力证明。

说起来也很有意思,在物理学发展的历史上,当我们找到了绝缘体之后,又发现了超导体;当我们证明了微观粒子具有粒子性后,又发现了它具有波动性;当我们观察到了负电子,又探测到了正电子;当我们注意到改变磁场会诱导电场以后,又证明了改变电场也会诱导磁场;当我们总结出了"宇称守恒定律",又发现了 β 衰变实验的例外;当我们习惯了"同性相斥原理",又不得不承认有"同性相吸"的事实;……,这一个又一个的事例似乎在强烈地提醒我们:"Nothing is impossible!"或者说"似乎一切都是可能的!"科学研究就是"异想天开"和"严谨求实"的紧密结合。从科学研究的角度来看,或许是"不怕做不到,只怕想不到"啊!从事科学研究是要有一点锐气和胆量的。宇宙空间是有限的,而人类的思维空间应该是无限的!

为了便于理解,图 3.7 给出了上述超导物理图象的更形象的半经典解释(当然它是不十分严格的):金属中的电子并不完全自由,它们要和晶格原子发生相互作用。如图 3.7(a)中电子 2 和周围晶格原子的相互作用,使得晶格原子的正电荷部分向电子 2 微微靠拢。当电子 2 向右运动过去之后,由于原子的质量比电子大得多,惯性相对较大,因此由刚才晶格原子正电荷的微微靠拢所形成的正电荷区不仅不会立即消失,而且会对电子 1 产生吸引作用(见图 3.7(b))。从总效果看,这似乎是电子 1 和电子 2 之间产生了微弱的吸引力。在室温下,由于电子的热运动动能较大,这种微弱的吸引力不会引起任何效应。但到 $T < T_c$ 温区,热运动动能很小,这时,这种具有量子特性的吸引力(即量子形式的能量交换)就足以使两个电子配成对,因而电子的运动是以库柏对的形式进行的。

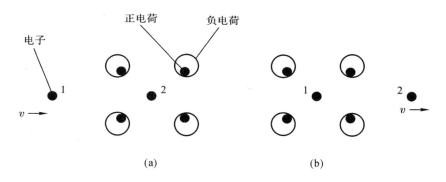

图 3.7　两个电子相互吸引的原理图

那么为什么电子配成对以后会导致电阻消失呢?我们知道,电阻是电子运动时受晶格原子的散射引起的。两电子配成对以后,当其中一个电子受到某晶格原子散射而改变动量时,从概率上讲,另一个电子也因受到该晶格原子的散射而发生相反的动量改变。所以,晶格原子的散射作用既不能减慢也不能加快电子对的运动。这在宏观上就表现为零电阻行为。当电子波动以"对"的形式通过如图 3.6 那样的 S-I-S 结时,便会出现奇妙的约瑟夫森效应。如果 $T > T_c$,由于此时热运动能量增加,库柏对被拆散,重新成为单个电子,晶格原子对电子的散射可改变电子的动量,形成电阻,超导态便回到了正常态。

BCS 理论成功地求得了周期表中绝大部分超导元素的 T_c 值和比热跳

变;对超导体的零电阻现象、迈斯纳效应以及约瑟夫森效应等给予了圆满的解释。不过,如同其他物理理论一样,BCS 理论也是一个相对真理,它对常规超导体的预言和解释是令人信服的,但对 1986 年以后发现的高温超导体是不适用的。例如根据 BCS 理论,超导体的 T_c 不可能超过 50K。而实际上,现在的高温超导体的 T_c 已突破 150K。目前,有关高温超导机理的研究仍在进行之中,它被称为当今物理学中最具挑战性的理论之一,谁将成为创建这一理论的幸运者? 还需多久这一理论才能问世? 目前还不得而知。

3.1.3　超导时代即将到来

　　综观人类发展的历史,不难发现这样一个有趣的事实:材料科学发展的水平从一个方面标志着人类文明的程度。在远古时代,人们使用石器;约 5 000 年前,陶器时代在中国拉开了序幕;2 000 多年前,青铜器和铁器逐渐成为人们制造工具的重要材料;中世纪以后,各类钢材料得到了广泛的应用;进入 20 世纪,诸如塑料、半导体、精密陶瓷、纳米材料等新型材料不断涌现。可以预计,在 21 世纪初,人类将进入一个崭新的超导材料时代。这主要是基于这样一种分析:目前高温超导材料的各项技术指标已逐渐成熟,一旦高温超导体得到大规模的应用,超导体诸多独特的物理规律必将在电力、机电、交通、医疗、通讯、军事、航天、勘探、基础研究等领域导致一场深刻的革命。

1. 强电应用

　　目前,高温超导体导线的载流能力已高达 $10^4 \sim 10^5$ 安(培)/毫米^2,而且其长度已超过几万米,因此已经进入实际应用阶段。这种超导体导线的应用,可极大地减小电力传输线、电机、电磁铁、变压器等的重量,减少电能损耗,提高转换效率。

　　用这种超导体导线制成超导磁体,体积小,重量轻,磁场可比常规电磁铁强 5~10 倍,达到 18 特(斯拉)。高温超导体的磁悬浮力目前已超过 20 千克/厘米^2,也就是说,要托起 100 吨重的车厢,超导体磁体面积只需要 0.5 平方米即可。这说明采用高温超导体生产磁悬浮列车也已接近实用化阶段。目前,日本已成功地研制出先进的常规超导磁悬浮列车。由于无摩擦阻力,超导列车的行驶恰似御风飞驰,时速高达 550 公里以上。

　　用 NbTi 超导复合线制成的全超导电机(磁场绕组和电枢绕组均为超导

线)已进入实用阶段,其重量和损耗比传统发电机分别降低 2/3 和 3/4。

2.弱电应用

超导量子干涉器(简称 SQUID)是一种测量磁场强度的磁强计,它是根据约瑟夫森效应的原理制成的。它可测量极其微弱的磁场,测量灵敏度优于 10^{-15} 特(斯拉)的磁场变化(地球表面的磁场约为 10^{-5} 特(斯拉))。利用这样灵敏的磁强计,可测得海岸线附近的地磁分布。当有潜艇靠近海岸,破坏海岸线附近的电磁分布时,超导磁强计会立刻敏感到磁场的变化,预报敌情。利用这种灵敏磁强计还可预报地震。当地壳发生运动或断裂时,由于悬浮在磁场中的超导球的重量发生变化,导致空间磁场的分布发生畸变,超导磁强计便可将这些微弱的变化测出来。另外,超导磁强计还可以测量动物的心磁图、微小的生物电流等。

利用上述超导磁强计,可测得电压的最小分辨率小于 10^{-17} 伏(特),测得电流的最小分辨率约为 10^{-10} 安(培),这种测量精度是其他方法所无法比拟的。

前面所讲到的约瑟夫森结的电流与电压还有一个很特殊的关系,即当电流 J 小于临界电流 J_c 时,电流是零压电流。当 $J>J_c$ 时,出现电压输出,其电压在毫伏量级。显然,约瑟夫森结在不出现任何电阻的情况下,有零电压和非零电压两种状态,故可作为超导计算机的基本元件。这种元件有三个独特的优点:

(1)由于结的电容很小,开关时间仅为 10^{-10} 秒,速度极快;

(2)输出电压高,约为几个毫伏左右,因此可靠性极强;

(3)功耗极小,一次快速开关期间消耗能量小于 10^{-13} 焦(耳)。

由于这些明显的优点,国际上许多发达国家正加紧此类超导计算机的研制工作。

3.2　绚丽多彩的激光

对于人类来说,"光"是极其普通而又十分重要的。最早和最普遍被人们利用的光当属太阳光。太阳每时每刻向四周辐射光芒,它把能量源源不断地传送至地球,孕育了生命,使地球生机盎然。地球上的绝大多数能源,如水电、风力、石油、煤、潮汐能等等,均来自太阳。地球上的生物每天所吃的食物也是通过辐射至地球表面的太阳光与植物叶绿素的光合作用而直接或间接地产生的。人们常说"天上不会掉馅饼",殊不知我们的一切食物都是"从天上掉下来的"。由于这个原因,在人们的心目中,光一直是力量和正义的象征。

在远古时代,原始人先是采用火光照明,后来发明了更耐烧、火焰也更明亮的沾有油脂的树枝火把。人类进入文明时期以后,逐渐发明了油灯、石油灯、蜡烛、煤油灯等灯具。1879 年,美国发明家爱迪生用碳丝装在真空玻璃泡内,制成了世界上第一支实用碳丝白炽电灯,"照亮了全世界"。随后,日光灯、钠灯、碳弧灯、汞灯、脉冲氙灯等新型电光源相继问世。光源的亮度也一种比一种高,例如脉冲氙灯的发光亮度比太阳高约 10 倍。1960 年,美国物理学家梅曼(C. M. Maiman)研制成功世界上第一支激光器,辐射出在光强度、方向性、单色性、相干性等一切光学指标均远远超过一切自然光和其他人工光源的耀眼光芒,其能量已经辐射到了现代社会的各个领域。它当之无愧是我们人类的幸福之光。

3.2.1　激光的特性

"激光"一词是受激辐射光放大(Light Amplification by Stimulated Emission of Radiation)的意思,简称莱塞(Laser)。这是一种光学性能极其优越的新型光源。

1. 亮度高

绝大多数普通光源发出的光亮度均不及太阳光,但激光"一枝独秀"。例如极普通的 10 毫瓦功率的氦-氖激光器所产生的激光亮度比太阳大几千倍。事实上,要使激光器发出的激光亮度比太阳光高千亿倍也是不难的。与激光的亮度相比,人类长期崇拜不已的太阳也显得黯然无光了。

2. 方向性好

如图 3.8 所示,θ 为光的发散角。显然,θ 越小,光的方向性越好。一般口径为 1 毫米的激光器所发射激光的发散角约为 10^{-4} 弧度,如果用扩束镜将激光束直径扩大到 5 米,则 θ 角可减为 10^{-7} 弧度数量级。因此,用一束激光打到距地球 38 万公里之遥的月亮表面,其光斑直径仅为 2 公里左右,最小可达到几米数量级。

图 3.8 激光发散角 θ

3．单色性好

激光的谱线宽度很窄,几乎是严格的单色光。例如,在激光诞生前作为长度基准的单色性最好的氪灯(Kr^{86})的光波长为 $\lambda = 605.7 \pm 0.0\ 047$ 纳米,其单色性达到小数点之后的第三位。而普通的氦-氖激光器发出的激光波长为 $\lambda = 632.8 \pm 0.000\ 000\ 001$ 纳米,谱线宽度比氪灯减小了 100 万倍,它的颜色很纯,很鲜艳。这样的单色性是一般光源所望尘莫及的。目前,国际上普遍采用碘稳频的氦氖激光器(光波长 $\lambda = 632.991\ 398\ 1$ 纳米)的激光作为长度基准。

4．相干性好

激光是目前相干性最好的光源。根据德布罗意关系,谱线宽度越窄,动量不确定性越小;由海森堡测不准原理可知,光子的位置不确定性越大,光的波列长度越长,所以激光光波具有很长的相干长度。一台高质量的氦-氖激光器输出激光的相干长度可大于 10^7 公里数量级,而具有单色性之冠的普通光源氪灯所发红光的相干长度仅为 38.5 厘米。

上述激光的诸多优越特性均是所有光源之最,而且这种“优越”是成千上万倍的优越,是其他光源所无法与之相比拟的优越。由此可见,科学家所追求的要比“增加几个百分点”多得多,这也是科学研究的魅力所在。

3.2.2 激光原理

1916 年,爱因斯坦在《辐射的量子理论》一文中,根据原子发光的量子理论,研究了辐射电磁场与物质粒子的量子相互作用,提出了自发辐射、受激辐射和受激吸收的假说,为 40 余年后激光的诞生奠定了理论基础。

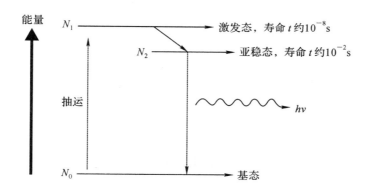

图 3.9　激光原理图

为了获得激光,首先要选一种工作物质,它必须具有分裂的三能级(或四能级)系统,如图 3.9 所示。假设能量最低的基态上有 N_0 个原子,在能量最高的激发态上有 N_1 个原子,在亚稳态上有 N_2 个原子。原子处在激发态和亚稳态上的寿命是极短的,分别为 10^{-8} 秒和 10^{-2} 秒左右。因此在通常情况下,绝大部分原子均处在能量最低的基态,此时 $N_0 \gg N_1 + N_2$。

原则上,任何光学透明的固体、气体和液体都具有三个以上的能级,因此均可作为激光器的工作物质。不过,如果所用材料的原子能级结构满足能量转换效率高、输出激光功率大等要求,会使激光器获得更好的性能。

根据玻尔量子理论,当原子从高能级往低能级跃迁(即电子从外轨道跃迁至内轨道)时,即发出光子。有两种情形可以引起原子作这种跃迁:一种是由原子内部的运动状态变化引起的,称为自发辐射跃迁;另一种是在外来的光子诱导下发生的,称为受激辐射跃迁。受激辐射有一个非常显著的特点,即它的频率、传播方向均和诱导原子发生受激辐射跃迁的光子相同。

1958 年,美国物理学家汤斯(C. H. Townes)和肖洛(A. L. Schawlow)在《物理评论》(Physical Review)杂志上发表了题为"红外和光学激射器"的论文,指出:产生激光的主要条件是处在激发态的发光原子数目比处在基态的原子数目多,即实现所谓粒子数反转:$N_0 \ll N_1 + N_2$。此时,光源中发光原子的受激辐射跃迁占优势,发射出来的光即为单色性、方向性和相干性均与众不同的激光。

向工作物质输入能量,把原子从基态抽运至激发态的过程称为泵浦。目前常用的泵浦方法有:闪光法(如氙灯、氪灯闪光等)、气体放电(利用气体放电产生的电子碰撞气体原子,把它泵浦至高能级)、电子束轰击、化学反应(化学激光器就是利用化学反应的能量泵浦产物的原子的)等。

为了获得激光,还必须将受激辐射发出的光进行光放大,这就是谐振腔的功能,它是由放置在工作物质两端的两块反射镜组成的光学系统,其中一块反射镜的反射率接近100%,另一块的反射率约在95%左右,以便使激光从这块反射镜输出。谐振腔主要有两个作用:一是让工作物质产生的受激辐射来回多次地通过被重复泵浦的工作物质,增强受激辐射强度,最后达到激光振荡;另一个是有选择地只让沿工作物质光轴附近传播的以及波长在原子谱线中心附近的受激辐射不断地受到工作物质放大,达到激光振荡,这对激光的方向性和单色性是十分关键的。

应该指出的是,采用两端反射镜作为光的谐振腔来实现光放大对制成激光器是极其关键的一步。事实上,自从爱因斯坦1916年从理论上预言受激辐射现象的可能性之后,谐振腔的设计便是最关键的一环。1951年,珀塞尔(E. M. Purcell)第一次在实验中实现了粒子数反转,观察到了受激辐射。但这个辐射太弱,无法加以利用。美国物理学家汤斯在评述当时的情况时曾经说过:"并不是人们认为不能实现粒子数反转,而是没有办法将其放大,无法利用这一效应。"

汤斯和肖洛率先提出了用两块平行放置的高反射率反射镜组成开放式谐振腔的想法。1960年,梅曼用在红宝石两端镀上银膜的极其简单的办法,制成了实用的谐振腔,实现了光放大,获得了人类历史上的第一束激光。而在红宝石两端镀制银膜的实验是一般实验室就能做到的最普通的实验之一。因此,如果还有人抱怨说:"人类第一支激光器没有诞生在中国的原因是因为中国当时的实验条件太落后",恐怕是没有说服力的。这一事实告诉我们:在科学研究中,研究者的思想是第一位的,研究条件是第二位的。虽然研究条件的好坏与研究成果的大小之间有重要关系,但没有必然关系。优越的研究环境为突破创造了条件,增加了可能性,但正确的思想能在较差的条件下产生奇迹。综观人类科学发展的历史,许多重大发现并不是在当时的一流实验条件下取得的,但所有的重大发现都是在当时的一流思想指导下获得的。

图3.10是世界上第一台激光器的照片,它是美国休斯(Hughes)研究实验室的梅曼在1960年研制成功的,其工作物质为红宝石晶体。将红宝石加工成棒状结构,棒的直径约为1厘米,棒长为2厘米,棒的两端抛光后镀上银膜反光镜,其中一端银膜为全反射镜,另一端则有10%左右的透射率,从而形成用

于光放大的谐振腔。红宝石棒外面是螺旋状的氙闪光灯管,每一次闪光均具有足够的亮度将红宝石中的原子从基态抽运到激发态,实现粒子数反转。由氙闪光灯管脉冲式激发闪光,将原子一次次地抽运到激发态,粒子数反转后的受激辐射一次次地在谐振腔内得到选择性光放大,最后激光从红宝石棒的一端(即镀有 10% 透射率的银膜的一端)猛烈射出。

图 3.10　世界上第一台激光器照片

3.2.3　激光——射向现代社会的各个领域

由于激光有许多优越的特性,这使它在很多领域得到广泛应用。

1. 定向强光束

由于激光光束细,发散角小,亮度高,因此能量集中,功率密度大。这一特性被广泛用于测距、定向、准直、激光手术、激光武器、金属切割、受控热核反应等领域。

由于光速是恒定的,因此可以利用光在两物体之间的往返时间测出这两个物体间的距离。普通光束的发散角较大,光强也比较弱,当两个物体间距离较大时,返回的光束十分微弱,因而无法接收。而激光的发散角很小,光强大,是一种很理想的测距光源。例如,巨脉冲式红宝石激光器可在 2×10^{-8} 秒的时间内发射 4 焦(耳)能量的激光,脉冲功率达 2×10^{8} 瓦,经透镜会聚后,发散角小于 10^{-4} 弧度;让此束激光往返于地球与月球之间,行程约 78 万公里,据其测出的地球与月球之间的距离十分精确,误差仅 3 米。

早在公元前 300 年,阿基米德就提出用会聚光的办法增加光的威力,传说他曾设想用士兵的盾牌组成一个大抛物镜,将太阳光会集成很小的光斑,以摧毁罗马舰队。激光诞生以后,这一原理得到了充分的应用。例如常用的连续输出的二氧化碳激光器输出光束直径约 1 厘米,可被聚焦成直径为 50 微米的光斑,其功率密度大于 10^{6} 瓦/厘米^2,这样的光束可用于切割、焊接、汽化材料、外科手术、激光炮、核聚变等。

2. 单色相干光束

激光的单色性和相干性也是所有光源之最。因此它在光通讯、光的衍射及干涉、全息摄象等领域应用很广。

光波是电磁波的一种。与无线电波一样,光也可作为载波而被调制,携带信号,然后像电波一样进行传输,这称之为光通讯。传输方式有直接传输与光纤传输两种。由于光的频率远远高于无线电波,因此用光作载波可以大大提高信息容量。例如一对电缆只能通一门电话,而一对光纤可供几十万门以上的电话同时使用。又由于光波与光波之间一般无干扰(不会相干),因此激光通讯的噪音极低,且无电磁干扰,这在现代化战争的电子战中十分重要。此外,保密性好、重量轻、省金属等也是光通讯十分明显的优点。

由于激光的波列很长,相干性好(相干长度比一般光源长 10^5 倍以上),因此它是拍摄全息照相的理想光源。

另外,激光在农业(种子处理、果树改良等)、医疗(激光手术、胃镜等)、海量信息存储(如光盘存储)、精密测量(如用干涉方法进行测量,其精度可小于光波长数量级)、激光艺术(如激光舞台装饰、激光虚拟现实以及激光音乐)等领域显示了无比的威力。可以说,如果离开了绚丽多彩的激光,今天的人类文明将大为逊色。

3.3　晶体管——构筑智慧的细胞

20 世纪 20 年代,量子力学的建立极大地推动了固体物理学的发展。到 30 年代,量子能带理论取得了巨大成功,奠定了半导体物理学的基础,最终导致了 1947 年晶体管的诞生,它是集成电路出台的序幕,引导了 20 世纪一场规模空前的微电子技术革命。

3.3.1　半导体的物理特性

固体是由大量原子或分子凝聚成的具有一定形状的体系。按原子排列的对称性,可将固体分为晶体和非晶体两大类:晶体(也称单晶体或单晶)中的原子是按某一规律周期性地排列的,而非晶体中的原子排列则是无序的。如食盐、钻石、石英等均为晶体。晶体有许多奇妙的特性,例如在晶体两端加上正负电压,可使其长度伸缩(可实现原子分辨率量级的扫描,用于原子操作等);若在晶体两端加上压力,可使其产生高电压(可用于电子打火等);若在晶体两端加一脉冲电压,则其两端会产生具有固定频率的周期性电振荡(可用于计算机时钟、石英表等)……

如果按导电性能划分,固体可分为导体、半导体和绝缘体,它们可由固体物理学中的量子能带(即电子波的动量与能量的关系)理论来圆满解释和预言。硅和锗材料是典型的半导体,其原子的最外层均为 4 个电子,称为 4 价原子。这 4 个电子既不像导体中的自由电子一样自由,也不像绝缘体中的束缚电子一样很难移动,因此它们的导电能力介于导体和绝缘体之间。半导体之所以有极为广泛的用途,简单地说,是由于在半导体内部的电子可以做多样化的运动,它们的性质密切依赖于杂质、光照、温度、压力等因素,因而表现出极其多样的物理特性,具有十分广泛的用途。例如半导体的电阻随着温度的升高而下降,而一般金属的电阻是随着温度的升高而增高的,两者阻-温关系截然相反;又如半导体的电阻 R 对杂质浓度 ρ(即单位体积内的杂质原子数目)十分敏感,如果在纯半导体中掺入少量杂质,其电阻急剧下降,如图 3.11 所示。迄今为止,量子能带理论已圆满解决了所有这些现象的物理机理问题。

杂质半导体有两种类型,若在纯单晶半导体中掺入少量三价原子(如硼等),则称这种杂质半导体为 P 型半导体,此种半导体中参与导电的多数粒子为空穴;若在纯单晶半导体中掺入少量五价原子(如磷等),则称它是 N 型半导体,其中参与导电的粒子大多数为电子。

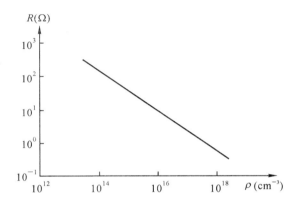

图 3.11　半导体电阻与杂质浓度的关系

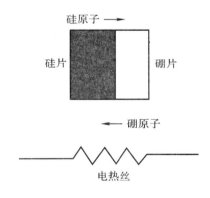

图 3.12　扩散原理示意图

　　通常采用所谓扩散方法对半导体进行掺杂。如图 3.12 所示:先将一单晶半导体与一杂质材料(如硼、磷等)紧密接触,然后将温度 T 升高至一定数值,保持一段时间,则杂质材料中的部分原子会由于热运动逐渐扩散到半导体材料中去(当然在这一过程中,半导体材料中的部分半导体原子也会扩散到杂质材料中去),扩散到半导体中的杂质原子的数目(即杂质浓度)可由扩散温度 T 以及扩散时间严格控制。这种在现代微电子产业中不可缺少的扩散方法使人联想起中国几千年来腌制食品(如咸鸭蛋)的传统工艺,盐分子(即氯化钠分子)在食品中的扩散规律正是这种绝妙加工技术的物理基础。古老的中医学采用外贴膏药(如狗皮膏药)治疗关节炎等疾病的方法也与分子扩散原理有关。想不到一个小小的咸鸭蛋、一块薄薄的狗皮膏药竟显示了中国古代人民的智慧,记录了中国人发现和利用分子原子扩散规律的悠久历史(有关这一历史的更精确描述还有待进一步考证)。

3.3.2　P-N 结

若将 P 型半导体与 N 型半导体背靠背连在一起,会使 P 型和 N 型半导体的交界处的能带发生根本性的变化,从而形成一个十分特殊的区域,称为P-N结,如图 3.13 所示。当在 P-N 结两端加上一电压时,便可测出它的电流-电压关系(即 I-V 关系)。实验发现:当 P-N 结的 P 端接正电压,N 端接负电压时,我们称之为正向连接,此时回路中的电流 I 会随着电压 V 的增加而迅速增加,如图 3.14 所示。当采取反向连接方式时,即将 P-N 结的 P 端接负电压,N 端接正电压,则当电压 V 增加时,回路中的电流 I 几乎不变。换言之,正向连接时,P-N 结的电阻很小,电流很容易通过;反向连接时,P-N 结的电阻很大,电流很难从中流过去。这种特性称为单向导电特性。因此,一个 P-N 结就是一个半导体二极管,或称之为晶体二极管。

图 3.13　P-N 结

P-N 结不仅可用来制成晶体二极管和晶体三极管,还有许多另外的重大用途。例如,当光照在处于反向连接的 P-N 结上时,反向电阻将随光强增加而减小,反向电流则随光强呈线性增加。利用这种光电特性可以制成各种光电探测器。同样,处于正向连接的 P-N 结,由于电子-空穴复合,会将电能量转化为光子而发射,光子的波长与半导体材料有关。利用这种电光转换机制可制造出各种发光二极管,它已被广泛应用于各种数字显示技术中。

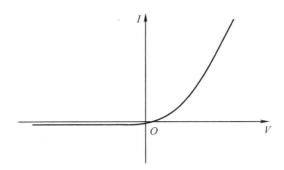

图 3.14　P-N 结的单向导电特性

如上所述,P-N 结是利用具有不同物理特性的两种材料制成的异质结,它是表面和界面物理学的成功典范。在现代物理学以及现代高科技中,由于不同材料之间接触而形成的界面所导致的奇迹比比皆是。例如,可见光在不同介质界面的折射和反射(如光导纤维等)、超导领域中的约瑟夫森效应、薄膜物理领域中的巨磁阻效应等等。这种"异质结"的构造与当今社会上的学科交叉、人才流动、边境贸易、国际交流等社会现象岂非有"异曲同工"之妙!

3.3.3　晶体三极管——放大人类的智慧

晶体三极管的结构如图 3.15 所示,它是由两个 P-N 结背靠背连接而成。形成两个 P-N 结的方法有两种:一种是在两层 P 型半导体之间夹一层 N 型半导体,形成 P-N-P 型三极管;另一种是在两层 N 型半导体之间夹一层 P 型半导体,形成 N-P-N 型三极管(见图 3.15)。两种类型的晶体三极管均具有电信号放大功能。三极管有三个极,即发射极(e 极),基极(b 极)和集电极(c 极)。发射极与基极之间的 P-N 结叫发射结,基极与集电极之间的 P-N 结称集电结。图 3.16 是晶体三极管的工作原理图。由于发射结处于正向连接,在基极回路加一弱小信号,使正向电压产生微小变化时,发射结的正向电流将会产生较大变化,这时由于集电极电流 I_c 比基极电流 I_b 大得多,将引起 I_c 产生较大的变化,从而起到了放大作用。

晶体二极管和晶体三极管已在现代社会的许多领域得到广泛应用。利用半导体技术,可以把成千上万个晶体管以及整个线路做在一块半导体芯片上,

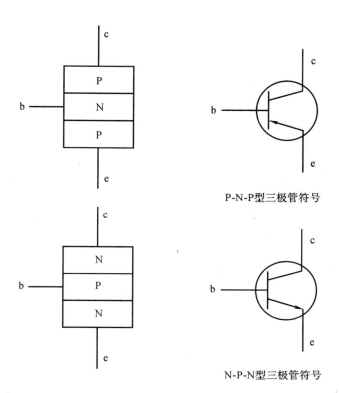

P-N-P型三极管符号

N-P-N型三极管符号

图 3.15　晶体三极管

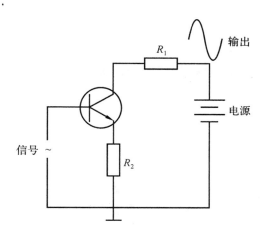

图 3.16　晶体三极管的工作原理图

这就是所谓的集成电路,其中的电阻和电容器的制备是通过控制杂质浓度以及结电容来实现的。集成电路的进一步发展逐渐形成了规模空前的微电子产业。从原理上讲,晶体三极管放大的是微弱信号的电压、电流和功率,从人类社会发展的角度看,晶体管放大的是人类的智慧、能力和理想。

3.3.4 晶体管——微电子产业的基本单元

1947年,美国电话电报公司(AT&T)贝尔实验室的三位科学家巴丁、布赖顿和肖克莱制成了人类历史上第一只晶体管,开始了以晶体管代替电子管的时代,也开始了以微观结构元器件代替宏观结构元器件的新时代。随后,人们开始以半导体晶体为基片,采用专门工艺将组成电路的元器件和连线集成在基片的内部或表面,这种电路系统称为集成电路。1958年,人类生产出第一块集成电路。当时,在每平方厘米的芯片中仅集成了不到100个元器件,称之为小规模集成电路;60年代中期,中等规模集成电路的时代开始了,这时每平方厘米的芯片中可集成上千个元器件;进入70年代,大规模集成电路的时代到来了,每平方厘米的芯片中已可集成20多万个元器件;80年代以后可以看作是超大规模集成电路的时代,每平方厘米芯片中的元器件数目突破百万大关。今天,作为现代信息技术的核心,微电子技术已经渗透到了人类社会的各个重要领域,如计算机、通讯、航天、医疗、环境、农业、自动化控制等等。微电子产业已成为既代表国家现代化水平,又与人民生活息息相关的高科技产业。

3.4 冲刺元器件小型化的极限

从20世纪30年代开始,电子学经历了从电子管、晶体管、集成电路到超大规模集成电路的过程,元器件尺寸从1米数量级降至10^{-7}米数量级,如图3.17所示。

1946年,人类历史上第一台电子管式数字计算机ENIAC问世,它占地150平方米,重达30余吨,耗电几百千瓦,但其运算能力仅与今天的袖珍计算器相当。集成电路的出现,极大限度地减轻了电路的重量、体积以及能耗。它使我们能将每秒运算数亿次的高速计算机放在办公桌上,能将移动电话机放进衣服口袋,能任选 100 多个电视频道,它还能把卫星上电子线路系统的重量减至最轻限度,能使导弹百发百中……

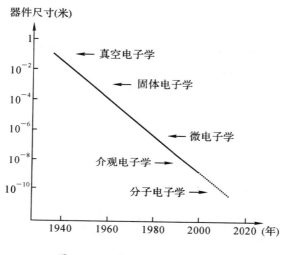

图 3.17　电子器件发展历史

　　超大规模集成电路的兴起向人们提出了一个问题:元器件是否有小型化的极限?如果小于这个极限,元器件将具有什么物理特性?

　　事实上,在 20 世纪末,按照原来 P-N 结原理所设计的晶体管的尺寸已经达到 0.2 微米左右,这个尺寸已接近小型化的极限。若进一步缩小元器件的尺寸,也就是说让元器件的尺寸小于 10^{-7} 米数量级,电子工程师赖以工作的物理基础便要作全面根本性的修改。这时,元器件的量子尺寸效应开始出现,能量量子化和电子的波动性开始显示。于是从 80 年代中期开始,一个研究元器件量子尺寸效应的全新领域——介观物理学开始崛起。"介观"一词的含意是指介于宏观尺寸($>10^{-6}$米)与原子分子尺寸($\approx10^{-10}$米)之间。因此,介观物理学所研究的系统的尺寸是在 $10^{-7}\sim10^{-9}$ 米这样一个数量级范围,其中对于 $10^{-8}\sim10^{-9}$ 米范围的系统的研究,也称为纳米物理学。介观系统既具有明显的量子效应,又是目前人类可以加工制备的系统,因此格外引人注目。

　　尽管在介观世界里,充满着奇异,充满着挑战,但是它并未超越现已确立的微观规律,量子力学仍然是介观理论的基础。一切介观现象均与在小尺度系统中明显的能量量子化、电荷量子化以及电子波动性等有关。

3.4.1　量子点——人造原子

量子点是一种"准零维系统",直径约为 10 纳米,如图 3.18 所示。在上一章我们曾经提到,因为原子的尺寸非常小,具有波动性的电子在其中只能占据分裂的能级,也就是说,原子中的电子能量只能取一些分裂值,分裂能级间的能量间隔最大为 10 电子伏数量级。同理,由于量子点直径很小,量子点中的电子也具有分裂能级,能级间隔 $\Delta\varepsilon\approx0.05\sim0.1$ 毫电子伏。因此,量子点也被称为"人造原子"。另外,由于量子点内的传导电子数目很少,电荷总量的不连续性比较明显,因此在研究量子点的物理行为时,均必须考虑能量与电荷的量子化。

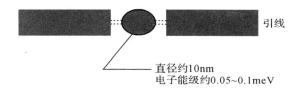

引线

直径约10nm
电子能级约0.05~0.1meV

图 3.18　量子点——人造原子

量子点有许多奇异特性,其中电阻率的周期性振荡是最重要的特性之一。这种电阻率的起伏对光十分敏感,因此可用于微弱光的探测。另外,由于量子点的尺寸很小,电子的波动性十分明显,电子波的干涉会使量子点的电阻率振荡形式对外磁场十分敏感,也就是说,外磁场的极微弱变化将导致电阻率振荡形式的明显变化。这种振荡与磁场强度一一对应,且可重复,因此被称之为"磁指纹"。对于不同的量子点,不同磁场的磁指纹完全不同。由此可见,磁指纹具有极强的标志性和保密功能。

3.4.2　介观环

1983 年,布铁克(M. Büttiker)等人利用量子力学原理预言:对一个封闭孤立的介观尺度的正常态金属圆环(简称介观环),若用外磁场在环中感应出一个电流,这一电流将是一个永不衰减的定态电流。就像超导环中的电流一

样,称这个电流为介观环的持续电流,如
图 3.19 所示。1990 年,赖维(L. P.
Levy)等人从实验上证实了这一预言。

图 3.19　介观环中的持续电流

根据量子力学的基本假说,电子是一
种具有波动性的粒子。当电子绕圆环运
动一周回到原位置时,其波动位相应有一
增量 $\Delta\varphi$。在介观尺度下,电子原来的位
相将保持不变,即 $\Delta\varphi$ 等于零或等于 2π 的整数倍,从而使电子产生所谓自干
涉效应。也就是说,介观环的周长必须是电子波长的整数倍,这是一个必要条
件。假如电子绕介观环一周后,由于能量损耗(即动量减小)而增加的电子波
长[见(2.4)式]还不足以使介观环中的电子波动减少一个周期,那么此时电子
在运动过程中就不会损耗能量。这种量子自干涉效应是介观环中持续电流产
生的根本原因。

介观持续电流是在正常态(而不是超导态)下维持的,这一点十分重要。
若以"1"和"0"分别代表持续电流的"有"和"无"两个状态,则介观环是一种理
想的高速低能耗的信息存储单元。

3.4.3　量子波导

直径为介观尺度的无杂质无缺陷导线,称为量子线。电子在量子线中的
运动类似于波导中的电磁波,故而将量子线称为量子波导。量子波导中的电
子因其波动性会出现许多奇异现象。

如图 3.20 所示,一束电子 i 从量子波导入口 A 处注入,然后分成两束:其
中束"1"继续前进;束"2"到达栅极 g 后返回,然后与束"1"在 B 处相遇。由于
两束电子符合相干条件,因此在它们相遇后会出现干涉现象。干涉结果是相
消还是加强取决于栅极电压,因此漏极 c 处的电流大小受栅极电压的控制。

利用这种电子波动的干涉原理,可以测量极其微弱的电压、磁场等物理参
量。目前,量子波导已被成功地制成为模数转换元件,实现了二进制的模数转
换。我们预计,它将被首先应用于信息领域。

从介观物理学诞生至今不过十几年的时间,但介观物理学中如此多的奇
特物理现象,不仅在理论上提出了一系列挑战性的问题,而且具有广泛的应用
前景。从元器件的角度看,由于高速、低能耗、小型、多功能等一系列无可比拟

的优点,量子元器件代替现有的超大规模集成电路是必然的。

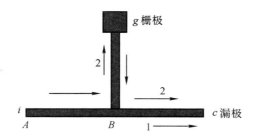

图 3.20　量子波导中的电子干涉现象

　　现在,量子元器件的制备方法已从原来的光刻和电子束蚀刻进入到原子操作和原子印刷时代,从而为量子元器件的大规模应用提供了前提。毫无疑问,在 21 世纪上半叶,按照各种现代物理观念设计的电、磁、光等元器件将在其小型、高速、低能耗、量子效应等方面逐渐接近理想极限。

参考文献

1　张其瑞等.高温超导电性.杭州:浙江大学出版社,1992 年

2　张裕恒.超导物理.合肥:中国科学技术大学出版社,1997 年

3　美国物理学评述委员会(龚少明译).凝聚态物理学.北京:科学出版社,1994 年

4　蔡枢,吴铭磊.大学物理.北京:高等教育出版社,1996 年

5　向义和.大学物理导论(上册).北京:清华大学出版社,1999 年

6　田志伟,赵隆韬.大学物理学.杭州:浙江大学出版社,1999 年

7　吴泽华,陈治中,黄正东.大学物理.杭州:浙江大学出版社,1999 年

8　母国光,战元令.光学.北京:人民教育出版社,1978 年

9　孙雁华,张家琨.光学.杭州:杭州大学出版社,1991 年

10　宋健,惠永正.现代科学技术基础知识.北京:科学出版社,中共中央党校出版社,1994 年

第4章　相对论与现代时空观

　　到 19 世纪末,经典物理学已经取得了巨大的成就:牛顿力学和经典热力学的建立,大大促进了以蒸汽机的广泛使用为标志的第一次技术革命,迎来了机械化时代;电、磁学的发展导致了第二次技术革命,使人类进入了电气化时代。经典物理学的成功不仅导致了技术上的革命,而且极大地改变了人们的观念,促进了人类文明的发展,这使当时的许多科学家认为:科学大厦的框架已经建成,20 世纪的物理学将主要是对已有理论的完善,以及对各种物理参数的精确化。换句话说,剩下的工作仅仅是对物理学大厦的"装修"而已。正如英国物理学家开尔文(L. Kelvin)1900 年 4 月 17 日在英国皇家学会上的演讲中所说的:物理学的天空除了"以太漂移"和"黑体辐射"这两朵乌云外,一片晴朗。

　　然而恰恰是这两朵乌云导致了 20 世纪物理学的两场革命,产生了作为 20 世纪科技发展的两大基石——量子理论和相对论:"黑体辐射"问题的解决导致了量子理论的建立,而"以太漂移"这朵乌云的移去则归功于相对论的建立。本章主要探讨相对论与现代时空观。

4.1　狭义相对论的创立

　　量子理论和相对论的建立都与回答光的本质是什么有关,即光是怎样产生的? 在空间怎样传播? 光是什么? 是物质? 是波? 还是纯能?

　　17 世纪,当一束阳光对准一块玻璃棱镜,在远处的墙上产生令人惊异的彩虹色时,引起了经典物理学的巨人牛顿对光的本质的深刻思考,进而得出光或光线是由微粒构成的结论。虽然他的分析引起了争论,但到了 18 世纪,人们普遍接受了他的理论。然而,19 世纪逐步积累的大量证据——光与声波或水波一样存在干涉和衍射现象,使光是一种波的说法得到科学界的广泛关注。1873 年,麦克斯韦建立的电磁理论更是给光的微粒说以致命的打击。麦克斯韦指出光是一种电磁波,其电磁理论对光的衍射、干涉与传播速度等给出了全面、精确的描述。

按照传统的波动理论,任何一种波的传播都需要媒质,例如声波在空气和铁轨中的传播,水波在水中的传播,……,那么光波是靠什么作为传播媒介的呢?光作为一种电磁波,不仅能在像玻璃那样的固体介质、像水那样的液体介质、像空气那样的气体介质中传播,而且能在真空中传播。于是人们设想,在整个宇宙中充满了一种特殊的光的传播媒质——"以太",它无孔不入,无处不在。

从伽利略(G. Galilei)时代以来,人们就已知道一个物体的运动速度是相对的。如图 4.1,一个人以 $u = 5$ 米/秒的速度在一列火车上行走,火车以 $v_0 = 20$ 米/秒的速度前进,那么此人相对于地面的速度 $v = v_0 + u = 25$ 米/秒;若此人朝着车尾行走,那么他相对于地面的速度为 $v = v_0 - u = 15$ 米/秒。我们知道,声波在空气中的传播速度为 $u = 334$ 米/秒,若一列以 $v_0 = 100$ 米/秒高速运动的火车向站台开来,则站台上的喇叭声相对于火车的传播速度为 $v = v_0 + u = 434$ 米/秒。若火车离开站台而去,则喇叭声相对于火车的传播速度为 $v = u - v_0 = 234$ 米/秒。如果承认光也是一种波,那么类似地,它似乎也应具有同样的速度叠加关系;而根据麦克斯韦的电磁理论,可以得出光相对于静止的"以太"的传播速度 $u = c$。因此,只要测量出光相对于地球的传播速度 v,利用速度叠加关系即可得出地球相对于"以太"的漂移速度 v_0。

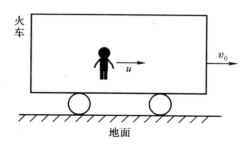

图 4.1　相对运动

如图 4.2 所示,设想一颗遥远的恒星相对于"以太"几乎不动,则星光将以光速 c 向四周传播,而由于地球要做一天一周的自转,那么地球表面相对于"以太"就有 $v_0 = 460$ 米/秒的漂移。由于 A 点和 B 点相对于恒星 O 的速度方向相反,因此由前述速度叠加关系可得 A 点接收到的光速为 $v = c + v_0$,而 B 点接收到的光速为 $v = c - v_0$。两者接收到的光速应有 $2v_0$ 的差异。为了证明这一结论,迈克尔逊(A. Michelson)和莫雷(E. Morley)设计了一个非常精妙的实验(现称其为迈克尔逊-莫雷实验),并进行了数年的实验观测,然而始终得到否定的结论,也就是说,光速与观测者的相对运动无关!换句话说,麦克斯韦电磁理论中的光速不是相对于某个特定的"以太"参照系而言的,而是对任意的惯性参照系都一样。这样一来,假想的"以太"概念就没有必要引入,光的传播自然也就不需要"以太"作为传播媒介了!这表明,光的电磁理论与经典力学

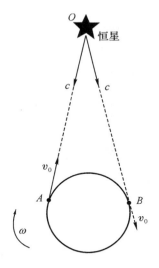

图 4.2　"以太"漂移实验

中的相对性原理是矛盾的,虽然经典力学和电磁理论已经过大量的实验检验,在各自的适用范围内理论与实验符合得非常好。也就是说各自很成功的两个理论之间存在不自洽,要使两个理论相互协调,则两者必有其一需要修改。爱因斯坦选择了经典力学作为修改的对象,建立起了相对论。

4.2　狭义相对论的基本原理

　　1905 年,爱因斯坦从两个基本原理——光速不变原理、相对性原理出发,经过严密的逻辑推理建立起了狭义相对论。狭义相对论的出发点非常简单,但通过严密的逻辑推理可得出大量的可被实验重复检验的奇妙结论和预言,因此可以说,相对论是演绎法这个科学的思维方法的成功范例。

4.2.1　光速不变原理

　　爱因斯坦在 16 岁时就考虑了一项假想实验:如果前述伽利略的速度叠加关系成立,并进一步假定人们能够以光速沿着光的传播方向飞行,那么我们就

能看到光波在空间中是静止的。这与麦克斯韦的电磁理论是相违背的,在麦克斯韦电磁理论中,不可能存在"静止不动的光";而且也与人类的经验相背离,人们从来没有看到过这样的光。也就是说:人们无论如何不可能赶上光。为了避免物理学定律出现任何矛盾,爱因斯坦假定:

在所有惯性参照系中,光在真空中的传播速度均一样。

这就是狭义相对论的基本原理之一——光速不变原理。换句话说,不管光源是否运动,观测者是否运动,光在真空中的传播速度始终一样(当然光在不同介质中的传播速度是可以不一样的,例如光在玻璃中的传播速度比在真空中的传播速度小。1999 年,科学家实现了使光以每秒 17 米的缓慢速度通过一堆温度接近绝对零度的钠原子的过程)。

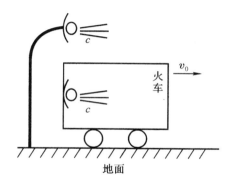

图 4.3　光速不变

如图 4.3 所示,一个站台上的路灯发出的光相对于站台的传播速度为 c,根据光速不变原理,它相对于高速运动着的火车的传播速度仍然为 c,而且与火车的运动方向无关。

4.2.2　相对性原理

人们也许会有这样的经验:当自己乘坐的火车停在车站上,而有一列原停靠在相邻铁轨上的火车向后驶离车站时,却好像是自己乘坐的列车向前开动了。此时,若不依靠车厢外的景物,很难判断自己乘坐的列车是静止还是在做匀速直线运动。专业的说法是:做匀速直线运动的列车上的力学规律与静止不动的列车上的力学规律是一样的,所以不能通过力学实验来判断列车是运动还是静止,如图 4.4 所示。这就是伽利略的力学相对性原理。

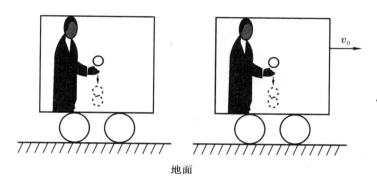

地面

图 4.4　小球在运动和不动的列车上均作自由落体运动

爱因斯坦认为,不仅力学规律满足相对性原理,而且所有的物理规律都要满足相对性原理,即

所有的物理规律在不同的惯性参照系中是一样的。

这就是爱因斯坦狭义相对论的另一个基本原理——相对性原理。

相对性原理实际上是所有科学工作者的一种理念。由于地球在自转,同时又在绕太阳公转,因此地球上每一地点每一时刻相对于太阳的速度都是不同的,如果物理规律与参照系的相对速度有关,那么在地球上不同地点不同时刻的物理规律就会不同。正如我们今天在杭州得出的实验规律如果不能适用于明天,也不能应用于其他地方,那么我们就不能通过科学实验得出事物的发展变化规律,我们研究科学也就失去意义。因此,相对性原理是所有科学的基本原理。

4.3　狭义相对论的主要结论

爱因斯坦的狭义相对论是在上述两个基本原理的基础上,通过严密的逻辑推理建立起来的。要详细并正确地掌握相对论需要一定的数学基础,以下我们通过一些简单的逻辑推理、图示及比喻来介绍相对论的一些主要基本结论。

4.3.1 同时的相对性

在非相对论情况下,对于"两件事同时发生"我们有很好的理解。如图4.5所示,在高速运动的列车车厢中间放置一个喇叭,则它在某时刻发出的一个声音,经过 Δt 时间后同时到达车厢的两端。也就是说,"车厢两端接收到声音"在车厢上看是同时发生的;在地面上看也是同时发生的。(因为向前发出的声波速度快些,但声波到达车厢前端的距离长些,结果同时到达车厢两端。)同时性在各个相对运动的参照系中是一样的。

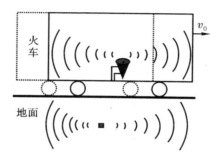

图 4.5 非相对论情况下声波同时到达车厢两端

然而在相对论情况下,结果有了很大的不同。如图 4.6 所示,有一束从车厢中间发出的光,光源相对于车厢来说是静止的,光向四周以相同的速度 c 传

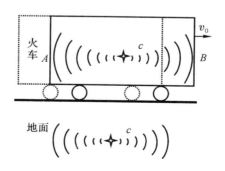

图 4.6 在车厢上看,光波同时到达车厢两端;
在地面上看,光波并不同时到达两端

播,因此经过时间 Δt_0 后,光同时到达车厢两端的 A 点和 B 点。根据光速不变原理,在地面上看,光仍然以相同的速度 c 向四周传播,在同样的时间内向四周传播相同的距离,由于车厢两端也在运动,所以光波发出后到达车厢前端 B 点的距离要长于到达车厢后端 A 点的距离,因此后端 A 点将先于前端 B 点接收到光信号。在另一列以更快速度前进的列车上的人看来,此列车在作向后运动,因此 A 点变成了前端,B 点将先于 A 点接收到光信号。也就是说,在车厢上同时发生的两件事,在地面上看来是有先后的,并不同时发生,而且在更快速度前进的列车上的人看来,先后次序相反,即同时性具有相对性。值得注意的是,虽然上述结论的推导过程是以光波的传播为例,但其结论具有普遍性,即与光波的存在与否无关。

4.3.2 时间延缓

同时性的相对性不仅本身令人吃惊,而且还与空间-时间效应,即时间延缓、长度收缩相联系。在传统的时空观中,人们认为时间是绝对的,不同参照系中时间的流逝速度是一样的。通俗地说,地面上的时钟与列车、飞机上的时钟走速一样。既然同时性是相对的,那么为什么时间一定是绝对的呢?我们假设在列车上发生的一个事件用时 Δt_0,同样的一个事件在地面上看来用时 Δt,若能证明二者相同,则表明时间与参照系的相对速度无关,或者说时间是绝对的,否则就表明时间与参照系的相对速度有关,即是相对的。

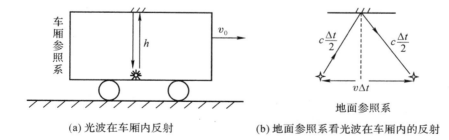

(a) 光波在车厢内反射 (b) 地面参照系看光波在车厢内的反射

图 4.7　时间延缓

如图 4.7 所示,在列车顶部放置一个反射镜,一束光垂直入射到反射镜并反射回光源,所用时间为 Δt_0,光源到反射镜的高度为 h,那么有 $c\Delta t_0 = 2h$。在地面上看同样的事件,光所走过的路程如图 4.7(b) 所示,由于列车的高度方向垂直于列车的运动方向,即在此方向没有相对运动,因此高度不变,仍为 $h = c\,\dfrac{1}{2}\Delta t_0$。设此事件在地面观测者看来所用时间为 Δt,由于光速不变,因此三角形的斜边长为 $c\,\dfrac{1}{2}\Delta t$。三角形的斜边大于其直角边,所以 Δt 大于 Δt_0。在地面看来光的发射点到接收点的距离,即光源运动距离为 $v\Delta t$,由勾股定律可得:

$$(c\,\frac{1}{2}\Delta t)^2 = (c\,\frac{1}{2}\Delta t_0)^2 + (v\,\frac{1}{2}\Delta t)^2$$

移项得:
$$c^2(\Delta t)^2 - v^2(\Delta t)^2 = c^2(\Delta t_0)^2$$

所以
$$\Delta t = \frac{\Delta t_0}{\sqrt{1 - v^2/c^2}} \tag{4.1}$$

此式表明,运动的时钟走得慢些,运动速度越快,时钟走得越慢。民间有一种说法"天上一天人间一年",根据相对论,这完全是可能的,只要乘坐以 0.999 962 47 倍光速飞行的宇宙飞船航行,则宇航员的一天,在我们地球上的人们看来就相当于一年。应该指出的是,这里所说的时钟是广义的,包括生物钟在内,宇宙飞船上的时钟走得慢了,宇航员的生命节律也慢了。在地球人看来,宇航员的动作都是慢动作,他在宇宙飞船上一天所能干的事情与地球上的人一天所能干的事情一样多。

也许有人会问,为什么我们在乘坐飞机、火车的时候从来没有感觉到时间延缓效应呢?答案非常简单:因为我们乘坐的飞机、火车的速度相对于光速来说太小了。例如 3 倍声速的超音速飞机,其速度约为 1 000 米/秒,由(4.1)式可得 $\Delta t = 1.000\,000\,000\,005\Delta t_0$,两者相差 5×10^{-12}(一万亿分之五),一个人如果不间断地乘这样快的飞机飞行 100 年,时间也只延长了 0.015 秒,微乎其微,人们当然感觉不出。又如图 4.5 中声波传播的事件,根据相对论,虽然严格来说,从地面上看,车厢两端不是同时接收到声波,但两者相差不到 10^{-13}(十万亿分之一)秒(以车厢长 100 米,列车时速 200 公里计),因此完全可以近似地看作车厢两端是同时接收到声波,即与经典理论在很好的精度内是一致的。事实上,在低速情况下所得出的物理规律已经过几百年的时间考验,其正确性在物体的低速运动范围内毋庸置疑,此时经典理论所得出的结论与相对论的结果是近似一致的。只有当物体运动的速度很高时,相对论所得出的结论与经典理论的差距才表现得比较明显,也就是说,相对论的适用范围更广。

4.3.3 长度缩短

在牛顿理论中,空间位置是相对的,但物体的长度却是绝对的。例如一列火车的车头和车尾的位置在不同的坐标系看是不一样的。在列车上看位置是固定的,在地面上看位置是变化的,这表明空间位置是相对的;但车厢的长度在列车和地面上看是一样的,即物体的长度是绝对的。现在由于同时性是相对的,时间也是相对的了。因为光速不变,就是说光传播的距离与所用时间之比在不同的参照系中是一样的,而在不同的参照系中时间不同,因此长度也就一定是不同的了,即长度也是相对的。

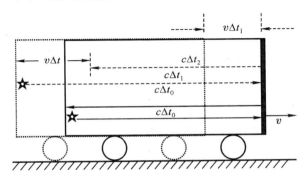

图 4.8 时空相对性

如图 4.8 所示,在车厢的一个端点放置一个反射镜,假设从车厢另一端的光源发出的光经反射镜反射后回到光源所在处耗时 Δt_0,车厢长度为 l_0。因为在车厢上看来,光源与反射镜都是不动的,显然光从光源到反射镜的时间与其从反射镜到光源所用的时间一样,因此有 $\Delta t_0 = 2l_0/c$。假设在地面上看来,发生同样事件所用的时间为 Δt,车厢的长度为 l,则在地面上看,光从光源发出后向前传播,同时反射镜也在向前运动。设光从光源到反射镜所用的时间为 Δt_1,则其经过的距离为 $c\Delta t_1$,等于车厢的长度 l 加上反射镜已运动了的距离 $v\Delta t_1$,即 $l + v\Delta t_1 = c\Delta t_1$。再设光从反射镜到光源的时间为 Δt_2,那么同理有 $l - v\Delta t_2 = c\Delta t_2$。从上述两式可得 $\Delta t_1 = \dfrac{l}{c-v}$,$\Delta t_2 = \dfrac{l}{c+v}$,因此有

$$\Delta t = \Delta t_1 + \Delta t_2 = \frac{2cl}{c^2 - v^2} = \frac{2l}{c} \times \frac{1}{1 - v^2/c^2}$$

前面已知 $\Delta t = \dfrac{\Delta t_0}{\sqrt{1-v^2/c^2}} = \dfrac{2l_0}{c} \cdot \dfrac{1}{\sqrt{1-v^2/c^2}}$,所以有

$$l = l_0 \sqrt{1-v^2/c^2} \tag{4.2}$$

即运动物体的长度会收缩,速度越快收缩越明显((4.2)式的推导过程可以略过,不影响理解)。

在传统的欧几里德三维空间中,距离是绝对的,即在不同的参照系中它是一样的。然而在狭义相对论中,由于光速不变,因此时间和空间都是相对的,距离和时间在不同的参照系中是不一样的,但有趣的是 $s^2 = (c\Delta t)^2 - (\Delta r)^2$ 是一个不变量,即在每一个惯性参照系中都是一样的。以前面的例子为例,光从光源发出,经反射镜反射回到光源所在处。在列车上看来,发射和接收是发生在同一地点,因此 $(\Delta r)^2 = 0$,$s^2 = (c\Delta t_0)^2$;在地面上的观测者看来,反射与接收是发生在不同地点,两者相距 $\Delta r = v\Delta t$,所以

$$s^2 = (c\Delta t)^2 - (v\Delta t)^2 = (c^2 - v^2)\Delta t^2 = c^2(\Delta t_0)^2$$

s^2 在列车上和地面上看都是一样的,因此我们可以把空间和时间作为一个整体,称为四维时空,s^2 就相当于四维时空中的距离的平方。

4.3.4　质能关系

在爱因斯坦之前,人们认为能量与物质是分开的,并且独立守恒,例如在化学反应中就是这样。当氢与氧结合生成水时,水的质量等于参加反应的氢和氧的质量之和。在反应中放出的热量,被认为是氢和氧原子中储存的化学能。在整个反应过程中,能量和质量分别守恒。

爱因斯坦对物体的运动定律重新作了综合考虑。他既要求运动定律满足相对性原理,又要求它在低速情况下与牛顿定律相一致,从而发现了一个令人意外的结果:物体的质量与能量不再像在牛顿力学中那样是独立的量,而是可以相互转换的——物质可以转化为能量,能量也可以转化为物质。他进而得到了世界著名的质能关系式:

$$E = mc^2 \tag{4.3}$$

此式表明:一个具有质量为 m 的物体,具有该质量乘上光速平方的能量(包括可用能量和潜在能量)。反过来,一个具有能量 E 的物体拥有该能量除以光

速平方的质量(包括静止质量和运动质量)。

以前述化学反应为例,氢与氧结合生成水时放出的热量刚好等于氢氧的质量之和减去水的质量(也称质量亏损)乘以光速的平方,即部分静止质量转化成了运动质量。对于化学反应,这个质量亏损实在太小了,例如 4.18×10^3 焦(耳)的热量(它可使 1 千克的水温度上升 1℃)对应的质量仅有 0.46×10^{-10} 克,也就是说不到 10^{-10}(一百亿分之一)克。对于化学反应来说,其质量亏损大约占反应物质质量总和的 $10^{-11} \sim 10^{-9}$(一千亿分之一到十亿分之一),如此小的差别就当时的化学测量来说是不可能检测出来的。这就是为什么化学的物质不灭定律没有受到怀疑的原因。

反过来,若使物质质量亏损 1 克,对应要放出的能量是十分巨大的,它能将 10^7(1 000 万)吨水升温 2℃。换句话说,若将 50 克物质全部转化为能量,那么它就可将面积为 5.6 平方公里、平均水深为 1.8 米的西湖里所有的水加热到沸腾。科学研究表明,原子核间的结合能比原子间的结合能大得多,也就是说,核反应对应的质量亏损比例大大高于化学反应对应的质量亏损比例,大约提高 $10^6 \sim 10^7$(一百万到一千万)倍。核反应的质量亏损比例约为 $10^{-3} \sim 10^{-4}$(一千分之一到一万分之一),即 1 千克核物质反应引起的质量亏损为 $0.1 \sim 1$ 克,放出的能量相当于 1 000 吨以上的 TNT 炸药爆炸放出的能量。

静止质量和运动质量(对应于可用能量)可以相互转化,一个静止时具有质量 m_0 的物体在外力推动下高速运动时,就具有动能,其总能量就会增加,因此它的质量也会增加,具体结果为

$$m = m_0 / \sqrt{1 - v^2/c^2} \tag{4.4}$$

此式说明:物体的运动速度越大,其质量也越大;当速度接近于光速时,质量会增加到无穷大,其对应的能量也就达到无穷大。因此,要把一个物体加速到光速所需要的能量为无穷大,也就是说,使用有限的能量要使一个静止质量不为零的物体加速到光速是不可能的。任何物体都以光速为运动速度的极限。至少在目前,人们要使宇宙飞船达到 0.999 962 47 倍光速(此时宇航员的体重要增加到 365 倍)是极其困难的,即要做到"天上一天人间一年"是极不容易的。

4.4 新引力理论——广义相对论

狭义相对论是基于惯性系(牛顿惯性定律成立的参照系,相对于惯性参照系做匀速直线运动的参照系也是惯性系。)下的两个基本原理而建立起来的。然而在这个宇宙中并不存在一个真正的惯性系。例如地球要自转,自转引起的加速度为 3.4×10^{-2} 米/秒^2,地球还要绕太阳公转,公转引起的加速度为 3.0×10^{-10} 米/秒^2。由于引力存在的普遍性,宇宙中物质若不相互转动,那么迟早会被吸引到一起(除非存在其他抗拒引力的因素),因此要保持宇宙物质间的稳定,宇宙物质间必定要相互转动以抗衡引力作用,也就是说有向心加速度。这意味着宇宙中不存在一个严格意义上的惯性系,只能存在近似的惯性系,因此我们有必要建立一个在非惯性系中也成立的理论。

在狭义相对论建立之前,人们觉得存在一个特殊的惯性系(所谓"以太"参照系),在此惯性系下电磁理论成立。狭义相对论的建立排除了这种特殊地位的惯性系。爱因斯坦基于对世界统一性的认识和强烈追求,认为惯性系也不应具有特殊的地位,因此建立了以广义协变原理和等效原理为基础的广义相对论。

4.4.1 广义协变原理

由于宇宙中不存在严格意义上的惯性系,因此要使这个世界是可认识的,必定要求所有的自然规律都满足推广了的相对性原理,即广义协变原理:

自然规律对于任何参照系而言都应具有相同的数学形式。

因为在不同地点、不同时刻,物体不能处于同一惯性系或相互做匀速直线运动的惯性系之中,所以,若自然规律仅满足狭义相对论的相对性原理,就会出现同一个自然规律在不同地点、不同时刻形式不同的情况,那么科学研究就会失去意义。因此,广义协变原理是狭义相对论的相对性原理的自然推广。

4.4.2 等效原理

爱因斯坦在设法了解重力与加速度之间的关系时,设想了一个著名的思维实验——电梯实验。一个人站在静止于地球表面上的电梯中,会感到一股向下的重力;若他有一串钥匙从口袋中掉出,那么在重力的作用下它以重力加速度 g 加速向电梯底部下落(所谓的自由下落),我们把所有这些现象都归因于地球引力的作用。然而,我们中的很多人都有这样的体验,在乘电梯(或"大回转"游乐机)加速上升时,人体会感觉到超重;反之,加速下降时,会有失重之感,即可抵消地球引力对我们的作用。因此,你可设想搭乘的电梯正挂在加速"向上"飞行的航天器底部进入外层空间,那里的万有引力几乎为零,而航天器的加速度刚好等于地球表面的重力加速度 g,如图 4.9 所示,此时你的感受将如何呢? 你将与站在静止于地球表面上的电梯里的感觉一样。此时,若你松开手中的钥匙,钥匙也会加速"向下落去",因为根据惯性定律,钥匙在不受外力作用的情况下,将做匀速直线运动,然而电梯底板却向它加速"飞来",若电梯完全封闭,你将以为是钥匙在"加速落下"。也就是说,无论你是在地面上处于静止状态的电梯中,还是在外层空间正在以 g 加速的电梯中,你的经历和感受是一样的,你不能区分加速体系与引力的效应。爱因斯坦由此得出了他的广义相对论的第二个基本原理——等效原理:

匀加速参照系可与均匀引力场中静止的参照系等效。反之亦成立,即均匀引力场中静止参照系可与匀加速参照系等效。

对于非均匀引力场,我们可将其分成许多小区域,在每一个小区域中引力场近似均匀,可等效于一个匀加速系统,从而可将引力场变换掉(即用一个匀加速参照系来替换引力场。设想用一个充分小的匣子来作局部参照系,这个匣子除受重力作用自由下落外,不受任何其他外力的作用,如图 4.9(b)所示:自由下落与无引力状态——失重,是等价的),在此之后的小区域内,狭义相对论仍然成立,所有公式都是协变的。

等效原理的基础是物质的引力质量 $m_{引}$(表征引力大小)等于其惯性质量 $m_{惯}$(表征惯性大小),因为只有这样才能使不同物体在同一引力场中具有相同的加速度。事实上,伽利略在做著名的比萨斜塔实验时就暗示了这样的结论:在斜塔顶部同时放下一个木球和铁球,它们同时落地,即二者下落的加速度相同,均为 a,因此有

$$\frac{GM_{地球}m_{引}}{R^2} = m_{惯}a \quad 和 \quad \frac{GM_{地球}M_{引}}{R^2} = M_{惯}a$$

即
$$\frac{m_{引}}{m_{惯}} = \frac{M_{引}}{M_{惯}}$$

式中 m 和 M 分别表示木球和铁球的质量。上式表明,不同物质的引力质量与惯性质量之比是一样的,不妨取比例系数为 1,则得 $m_{引} = m_{惯}$。60 年代,迪克(R. Dicke)的精密实验表明,物体的引力质量和惯性质量最多相差 (10^{-11}) 一千亿分之一。

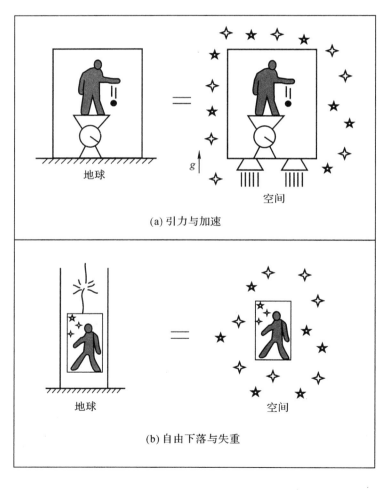

(a) 引力与加速

(b) 自由下落与失重

图 4.9　等效原理

120

4.5　广义相对论的主要结论

　　爱因斯坦从上述两个广义相对论的基本原理出发,建立起了广义相对论,并得到了许多奇妙的结论。然而我们知道,爱因斯坦从狭义相对论到广义相对论整整研究了 10 年时间,其中一个很重要的原因是为了阐述引力,需要引入新的数学工具——黎曼几何(弯曲空间的几何),其复杂性是欧几里德几何所不能比拟的。例如在弯曲空间三角形的三个内角之和不再等于 180°,如球面上的三角形内角之和大于 180°;二条平行的直线有可能相交,如球面上二条经线在赤道处相互平行,但在南北极会聚。以下我们不可能作严格的推导,只能对广义相对论的主要结论作简单介绍。

4.5.1　引力大的地方时钟走得慢

　　如图 4.10 所示,在外层空间中的圆盘绕其中心高速旋转着。圆盘上除中心 A 点以外的任何一点,都会感受到一个离心力 $m\omega^2 r$ 的作用。在地面上的观察者看来,圆盘上的点在作加速运动,离开 A 点越远的点加速度越大。而盘上各点相对于圆盘来说是静止的,他们仅感受到一个离开圆心的"引力"作用。根据等效原理,除 A 点无引力外,盘上各点离 A 点越远,"引力"越大。在 A' 点附近取一小区域,由于小区域内狭义相对论仍成立,因此速度大的地方

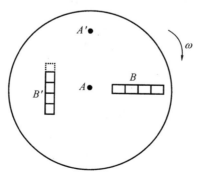

图 4.10　爱因斯坦理想旋转圆盘

时钟走得慢,即 A' 点的时钟比 A 点的时钟走得慢些。这表明引力大的地方时钟走得慢。地球表面的引力比月球表面的引力大,因此地球表面的时钟(包括生物钟)比在月球表面的时钟走得慢,这意味着一个人在不考虑其他所有因素的情况下,在地球表面生活的寿命比在月球表面生活的寿命长些,只不过这个差异微乎其微,相差约 10^{-9}(十亿分之一)。具体公式为

$$\Delta T = \sqrt{1 - \frac{2GM}{c^2 r}} \Delta t \qquad (4.5)^{①}$$

式中 ΔT 为有引力场处的时间,Δt 表示远离物质没有引力场处的观察者的表观时间。

4.5.2 引力导致空间弯曲

如图 4.10 所示,尺 B 沿圆盘的径向放置,而 B' 沿圆盘径向的垂直方向(切向)放置。由于尺 B 垂直于运动方向,没有相对速度,因此长度不变。而尺 B' 平行于运动方向,根据狭义相对论的结论,长度会收缩,这样我们可以发现圆盘的半径不收缩,而任一圆环的周长都会收缩,而且半径越大的圆环,由于速度越大,收缩的比例也就越大。因此,原本平直的圆盘在高速转动后,会弯曲而成帽子状。根据等效原理,这就表示引力的存在会导致空间的弯曲,引力越大空间弯曲越厉害。

事实上,我们谁也没有直接观察到万有引力的存在,据说牛顿是从"苹果落地"推想出地球与苹果间存在着引力,从地球绕太阳公转联想到两者之间存在着引力。爱因斯坦从等效原理出发,认为在宇宙中完全可以放弃引力这个概念而代之以空间的弯曲。我们可以设想,在黑夜中让一个光滑且带有荧光的小球在一个黑色的无摩擦的圆形轨道上转动(如图 4.11 所示),显然,你只能看到小球在做圆周运动,而不能看到圆形轨道。这可能会使你认为小球与圆心之间有一根细线连着,小球是在这根细线的拉力作用下作圆周运动。类似地,我们可以认为地球和太阳之间原本没有引力,而是在地球的运行轨道上存在着一条我们看不见摸不着的椭圆轨道。或者说,由于太阳的存在,引起了它周围空间的弯曲,九大行星只能在这弯曲的空间以最短的路径运动。越靠

---

① 此式只对弱引力场成立。

近太阳空间弯曲越厉害,行星的运行轨道半径就越小。

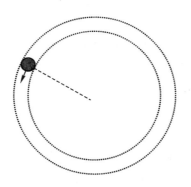

图 4.11　小球在圆形轨道上运动

4.6　广义相对论的一些预言

前面所述完全可以看作是对一种自然现象的两种不同描述或解释。一个理论要成为能被人们广泛接受的科学理论,除了能解释已发生的现象外,还必须能给出可以精确测量、可检验且不同于原理论的预言,并得到可重复的实验证实。广义相对论能得到广泛承认,而且爱因斯坦本人被公认为 20 世纪最伟大的科学家,就在于相对论不仅解释了许多已有的现象,而且给出了一些看似不可思议,但却得到大量实验证实的预言。

4.6.1　星光的引力偏转

在牛顿力学中,质点的加速度 $a = F/m$。由于引力 F 正比于质量 m,所以质点在引力场中的加速度与物质的质量无关,仅与引力场有关。那么光子,静止质量为零,它是否也有同样的加速度呢?爱因斯坦在建立广义相对论后给出了恒星光的引力偏转预言。虽然光子的静止质量为零,但它具有能量,因此根据相对论,它就具有运动质量,在引力场中就会受到引力的作用,或者从空间弯曲的角度看,在引力场中光线只能沿着弯曲的空间传播。如图 4.12 所

示,处于 O 点的一颗恒星向四周发出光芒,若光
按直线传播,那么由于太阳的遮挡,只能在 A' 以
右的地方才能观察到该星光,在 A 点是观察不到
的。但如果太阳附近的引力场引起了光线的弯
曲,偏转了 $\Delta\theta$ 角,那么在 A 点也能观察到该星
光。爱因斯坦经过严格的广义相对论计算,得出

$$\Delta\theta = \frac{4GM}{C^2 R} \qquad (4.6)$$

式中 G 为万有引力常数,M 为太阳质量,R 为太
阳半径,代入具体数据得 $\Delta\theta = 1.75''$。当然,要观
察这种星光偏折现象是很困难的,因为太阳是距
地球最近的一颗恒星,平时太阳光照到地面的亮
度比其他恒星强得多,因此在很亮的阳光背景下
观察微弱的星光是不可能的,除非能挡住太阳光,
而只让星光到达地面。这样的机会就是出现日全
食的时候。爱因斯坦 1916 年建立起广义相对论,
1919 年 5 月就有这样的机会。在 1919 年 5 月 29
日发生日全食时,英国著名的天文学家爱丁顿带
领两个考察队赴巴西,对通过太阳表面的星光的
偏折进行了实测。测量结果是 $\Delta\theta = 1.98''$ 和 $\Delta\theta =$
$1.61''$,与理论值基本符合。至今科学家已对 400
多颗恒星作了观测,其中最好的结果来自 1975 年
对射电源 0116+08 的观测,结果为 $\Delta\theta = 1.761''\pm$
$0.016''$,它与广义相对论的理论结果符合得相当
好。

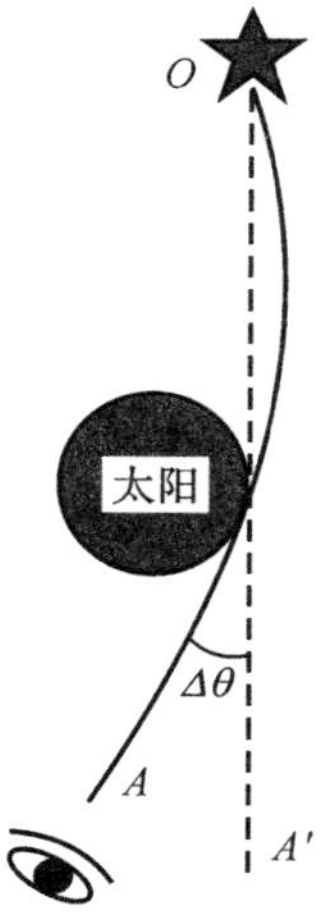

图 4.12　星光偏折

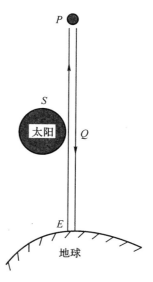

图 4.13　雷达回波延迟

4.6.2　雷达回波延迟

　　由前面的内容我们已知道,在远离引力场的
观察者看来,处于引力场中的时钟要变慢,引力场中的空间要弯曲。如果把这
两个效应综合起来,就会得到这样的结论:从远处(无引力场)观察,引力场中

的光速会变慢。如图 4.13 所示,当地球 E、太阳 S 和某行星 P 几乎排在一条直线上的时候,从地球 E 掠过太阳表面上的 Q 点向行星 P 发射一束电磁波(雷达),然后该电磁波经原路返回。令 $EQ = a$,$QP = b$,按照牛顿理论,雷达信号往返所需时间 $t = 2(a + b)/c$。广义相对论预言,雷达回波将延迟一段时间 Δt。对于金星,理论计算的结果是 $\Delta t = 2.05 \times 10^{-4}$ 秒。1971 年,夏皮罗(I. Shapiro)等人的测量结果与计算值偏离不超过 2%。后来利用固定在火星上的应答器来代替反射的主动型实验,得到了更好的结果。

4.6.3　水星近日点的进动

水星是太阳系九大行星中最靠近太阳的一颗行星。根据开普勒定律或牛顿万有引力定律,水星将在一条严格的椭圆轨道上运动。

然而实际的天文学观测告诉我们,水星并不是在一个固定的椭圆轨道上运动,因为该椭圆轨道也在作整体的微小转动,每世纪水星近日点偏转 5 600.73″,如图 4.14 所示。在牛顿力学范围内,考虑坐标系的岁差和其他行星(主要是金星、地球和木星)的摄动,理论上预言有 5 557.62″ 的进动。理论与实际值相差 43.11″。这个问题在 19 世纪就引起了天

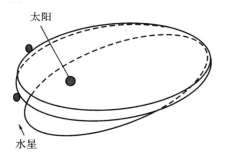

图 4.14　水星近日点的进动

文学家的注意,但得不到满意的解释。直到 1916 年,才由爱因斯坦从广义相对论出发,成功地解释了水星近日点的进动应有每世纪 43.03″ 的附加值。

4.7　相对论的其他实验验证及实际应用

相对论从 20 世纪初建立以来,已得到无数实验的验证:从高能物理到天文观察,从核能的应用、宇宙航行到全球定位系统(GPS)。科学技术发展的进程表明:相对论与量子论一起,是 20 世纪科学与文明的两大基石。例如,我们已知电子的质量为 9.1×10^{-31} 千克,带电荷 $q = -1.6 \times 10^{-19}$ 库(仑)。当把电子放入如图 4.15 所示的电场中时,在电场力的作用下,电子会向正极加速

运动,若所加的电压为 U,电子将获得 qU 的动能。按照牛顿理论,将一个电子从静止加速到光速,所增加的动能为 $\frac{1}{2}mc^2$,所需要的加速电压为 25 万伏(特),这样的电压在一般的实验室就可以实现。然而实验表明,电子所具有的能量 $E = m_0 c^2 / \sqrt{1 - v^2/c^2}$ 与相对论预言完全一致。随着速度的增大,电子的质量也增大,因此即使像现在高能电子加速器那样耗资上亿元,半径达几公里,加速电压达到几十亿伏,最后电子的速度也达不到光速 c。

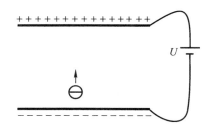

图 4.15 电子在电场中加速

4.7.1 μ 轻子的寿命

μ 轻子是一种不稳定的粒子,在静止的参照系中观察,它们的平均寿命为 $\Delta t_0 = 2.2 \times 10^{-6}$ 秒,也就是说平均经过 2.2×10^{-6} 秒后,它们就会衰变成为电子和中微子。在大气层上层的宇宙线中产生的 μ 轻子,其速度值极大,可达 2.994×10^8 米/秒 $= 0.998c$。如果没有相对论效应,它们从产生到衰变的有限寿命中,平均能运动的距离只有 $v \times \Delta t_0 = 2.994 \times 10^8 \times 2.2 \times 10^{-6} \approx 660$ (米),这样 μ 轻子就不可能到达地面实验室,而实际上,μ 轻子可以穿越上万米的大气层到达地面。因为根据相对论效应,在地面上看来,μ 轻子的寿命延长了:

$$\Delta t = \frac{\Delta t_0}{\sqrt{1 - v^2/c^2}} = 3.48 \times 10^{-5} \text{秒}$$

在这段时间内,它可穿行的距离为 2.994×10^8 米/秒 $\times 3.48 \times 10^{-5}$ 秒 $= 1.04 \times 10^4$ 米。对相对于 μ 轻子静止的参照系来说,μ 轻子的寿命不变,仍为 2.2×10^{-6} 秒,但大气层相对于它在作 $v = 0.998c$ 的高速运动,因此大气层的距离要收缩，$l = \sqrt{1 - 0.998^2} \times 1.04 \times 10^4 = 660$（米）。也就是说，在 μ 轻子看来寿命只有 2.2×10^{-6} 秒，但 10.4 千米的大气层在它看来只有 660 米的距离，因此虽然两个参照系对同一事件的看法不同（相对的），但相互间是自洽的。

根据相对论，任何物体都以光速为运动极限，离我们最近的恒星（南门二）有 4 光年之遥，牛郎星远达 16 光年，织女星则为 26.3 光年，即使以光的速度去旅行，一个来回也需要三五十年！那么，在我们有限的寿命内造访以光年度量距离的其他星球，似乎是可想而不可及的。但从理论上，只要人类能造出接近光速的飞船，我们就有能力到宇宙的任何地方去观光。因为在宇航员看来，他的航程随着宇宙飞船速度的提高，可以无限地缩短；而在地面上的人看来，宇航员的寿命可以无限地延长。

4.7.2　孪生子效应

在前一节中我们提到，若一个宇航员乘坐 0.999 962 47 倍光速飞行的宇宙飞船作宇宙航行时，则宇航员的一天在地球人看来就相当于一年。然而运动是相对的，在宇航员看来，地球在作反方向运动，那么地球上的一天在宇航员看来就是一年，到底谁对呢？这就是所谓的孪生子佯谬。实际上，症结在于狭义相对论成立的条件是惯性系。若宇宙飞船和地球都处于惯性系之中，那么由于相互间作匀速直线运动，他们就不可能再次见面来相互比较谁比谁过得慢。若要比较，宇宙飞船必须要作加速或减速运动，那么就要用广义相对论来求解。根据广义相对论，加速系中的时钟走得慢一些，也就是说，宇航员的时间过得慢些。假设有一对孪生兄弟 20 岁时，其中一位以前述速度作宇宙航行，作了 40 多天的航行回来后，留在地球上的兄弟已经 60 多岁了，而宇航员兄弟还是 20 岁，这就是所谓的"孪生子效应"。为了证实这个效应，1971 年科学家将铯原子钟放在飞机上，沿赤道向东绕地球一周后，回到原处，结果发现，这只铯原子钟比静止在地面上的钟慢了 59 纳秒（10^{-9} 秒），这与广义相对论的理论计算结果完全一致。

4.7.3　全球定位系统(GPS)

全球定位系统(Global Positioning System, GPS)是美国从上世纪 70 年代

开始研制,历时 20 年,耗资 200 亿美元,于 1994 年全面建成,具有在海、陆、空全方位进行实时三维导航与定位能力的新一代卫星导航与定位系统。因其在 1991 年的海湾战争中发挥了不可估量的作用,引起世界各国的重视。我国测绘等部门经过多年的使用表明,GPS 具有全天候、高精度、自动化、高效益等显著特点,它的使用给测绘领域带来了一场深刻的技术革命。

GPS 系统包括三大部分:GPS 卫星星座、地面监控系统和用户设备——GPS 信号接收机。其中,GPS 卫星星座由 21 颗工作卫星和 3 颗在轨备用卫星组成,记作(21 + 3)GPS 星座。这 24 颗卫星均匀分布在 6 个轨道平面内,在两万公里的高空,每 12 恒星时绕地球一周。位于地平线以上的卫星颗数随着时间和地点的不同而不同,最少可见到 4 颗,最多可见到 11 颗。

对于导航定位来说,GPS 卫星是一个动态已知点。星的位置是依据卫星发射的星历——描述卫星运动及其轨道的参数算得的。由地面监控系统提供每颗 GPS 卫星的星历,并保持各颗卫星处于同一时间标准——GPS 时间,再用卫星导航电文发给用户设备。GPS 信号接收机的任务是:捕获到按一定卫星高度截止角所选择的待测卫星的信号,并跟踪这些卫星的运行,对接收到的 GPS 时间信号进行变换、放大和处理,以便测量出从卫星到接收机天线的传输时间。静态定位中,GPS 接收机在捕获和跟踪 GPS 卫星的过程中位置固定不变,由于能高精度地测量 GPS 信号的传输时间,从而可计算出卫星到接收机的距离,再利用 GPS 卫星在轨的已知位置,即可解算出接收机所在位置的三维坐标。如图 4.16 所示,测得接收点到卫星的距离,就可确定该接收点一定在以卫星为球心、所得距离为半径的球面上。通过第二个卫星得到另一个球面,那么该接收点即在两个球面的交线上,通过第三、第四个卫星就能进行精确定位。动态定位则是用 GPS 接收机测定一个运动物体的运行轨迹。

从 GPS 的基本原理可知,GPS 的定位精度主要取决于 GPS 时间信号的精度。根据广义相对论,引力大的地方时钟走得慢,地球表面处的引力大于距地面两万多公里的卫星处的引力,因此地面上的时钟比卫星上的时钟走得慢,两者相差

$$\Delta t = \tau \frac{MG}{c^2 R} \left(1 - \frac{R}{R + H}\right) \approx 10^{-9} \tau$$

(当然还存在相对论的运动学效应,即运动速度大的时钟走得慢,但此处该效应只有 10^{-11} 量级,因此引力效应是主要的)由于卫星与地面接收机相距两万多公里,所以即使有微小的误差,也会引起对应的地面距离有较大的误差。如

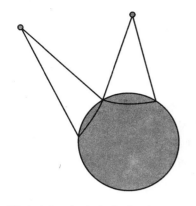

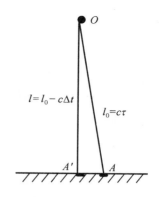

图 4.16　全球定位系统原理图　　　　图 4.17　GPS 误差示意图

图 4.17 所示,设卫星到接收机的实际距离为 $l_0 = c\tau$,对应于地面上的 A 点,由于引力效应,卫星处的钟比地面上的钟走得快些,因此地面上的钟与卫星发射 GPS 时间信号时的时间差会减小,接收机会误以为自己处于 A' 点,且有 $\overline{OA'} = l_0 - c\Delta t$,由此引起的地面定位误差为 $\overline{AA'} = \sqrt{l_0^2 - (l_0 - c\Delta t)^2} \approx l_0\sqrt{2c\Delta t / l_0} \approx 0.5 \times 10^{-4} l_0 \approx 1$(公里)。也就是说,$10^{-9}$ 量级的广义相对论效应会引起全球定位系统约 1 公里的定位误差,相距 1 公里的两点对于没有经过广义相对论效应修正的 GPS 是不能区分的。目前经过广义相对论效应修正后的 GPS 定位精度可在 1 米以内。

　　1999 年,欧盟提出了民用全球定位系统"伽利略"计划,并于 2003 年 3 月正式启动。该计划总投资 32 亿欧元,其中中国投资 2 亿欧元,从而共享知识产权。该计划由 27 颗运行卫星和 3 颗备份卫星共 30 颗卫星组成,分布在 3 个轨道平面上,第一颗卫星于 2005 年发射,系统于 2008 年开始运行,定位精度高于 1 米。

4.8　相对论的时空观

　　牛顿的绝对时空观认为,时间和空间是绝对的、均匀的、相互独立的;然而根据相对论,时间和空间是相对的。即在不同的参照系下,时间是不同的,物体的形状、质量等也都是不同的,正所谓"横看成岭侧成峰,远近高低各不同"

(苏轼《题西林壁》),这说明,对事物的描述,往往因观测的角度不同而有所差异。

不仅如此,相对论中的时间和空间还是相互关联的。设想在一个参照系中的所有钟都校准了,即相互同步,由于同时的相对性,在另一参照系看这些不同地点的钟都不同步了,即不同地点的时间是不同的。因此,要完整地描述一个物体的运动状态,必须同时标出其地点和时间,将时间和空间作为一个整体,即所谓的四维时空来考察。为了帮助理解时空概念,作一个不是很恰当的类比:设想在广袤平坦的沙漠中有一条笔直的平坦大道,一辆汽车朝着一个方向行驶,时而前进,时而停止;时而加速,时而减速。如果我们在图上画出汽车的运动轨迹,它就是一条直线,是一个一维图象,然而这个图象没能体现出汽车的运动状态。为了体现汽车的运动状态,我们就需要引入时间。如图 4.18 所示是一个二维的时空图,当然,在相对论情况下,时间轴与空间轴的夹角可以是非直角的。对于一般四维时空图,只能靠想像从三维推广而得,很难直接画出图象。

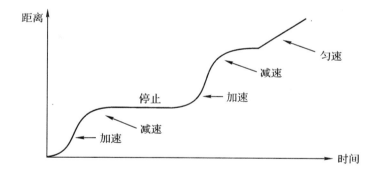

图 4.18 汽车运动的时空图

由于物质的存在,必定产生引力或时空的弯曲,因此时空不仅是相对的,而且与物质的存在有关。我们要考察时空,必定与考察对象有能量的交换,从而引起时空的变化(能量等效于质量)。也就是说,我们不可能直接观测没有物质的时空,或者说离开物质谈时空是没有意义的。

有人曾把爱因斯坦的相对论(relativity)当作"公说公有理,婆说婆有理"——没有是非标准的相对主义(relativism)的理论。其实,相对论与相对主义完全是两回事。爱因斯坦的相对论寻求的是不同的参照系中各观测量之间的联系,重点是不同的参照系中的共性,即所谓的"不变性"。相对论的基本原理都是关于不变性的,例如真空中的光速在不同的惯性参照系中是不变的,物理规律的数学形式在不同的参照系中是一样的。可以说,相对论更确切的称呼是四维时空中的"不变论"。广义相对论的重点也是如何构造各种不变量,如曲率标量、作用量等。

为此,我们举一个有趣的例子来加以说明:设想有一列高速列车,它静止时的长度比一个隧道的静止长度要长。当它高速通过该隧道时,有两道闪电同时打在隧道的两端,由于相对论效应,列车长度收缩到短于隧道的长度,即该列车可以完全躲进隧道,因此使得站在列车两端的两个人都躲过了闪电的伤害。但运动是相对的,在列车上的人看来,隧道在向反方向运动,根据相对论,隧道将收缩以致隧道比列车更短。那么,在列车上的人看来,列车两端上的人能躲过闪电的伤害吗?

答案是肯定的!因为物理规律是不变的,人是否被伤害是不变的。原因是在地面上看闪电是同时发生的,而在列车上看两道闪电是有先后的,车前的隧道口先闪电,此时车头还没有露出隧道,当车尾进入隧道后,后隧道口才闪电。因此两端都不会被闪电所伤害。

4.9　相对论中的科学方法论

相对论不仅为人类带来了巨大的物质文明进步,例如原子能的和平利用、宇宙航行、GPS 等,更重要的是极大地推进了人类的精神文明。它改变了人们传统的时空观、宇宙观,使人类对这个世界甚至这个宇宙的认识大大地深化了一步。它还为我们提供了一套透过现象看本质的思维方式——演绎法的成功范例。

在建立科学理论的过程中常用的两种科学思维方法是归纳法和演绎法。归纳法是指从特殊到一般的逻辑推理过程。即通过对大量的、个别的、特殊的现象或者体系的研究、观察,找出它们的共性或者共同满足的规律。在经典物理学以及其他学科,如化学、生物学以及社会科学的研究过程中,大量使用的是归纳法。通过对大量现象的研究,归纳出一些经验公式、经验定律等,然后通过对大量经验公式、定律进行归纳,总结得出一套理论。其特点是以感性认识为基础,结论往往直观,容易被人接受。

演绎法则相反,是指从一般到特殊的逻辑过程。即从一般的原理推知某个从属于该类事物的特殊事物的新知。它一般由大前提、小前提和特殊结论三部分构成。例如:任意三角形的三个内角之和为180度(大前提),直角三角形是三角形的一种(特殊条件,小前提),所以直角三角形的三个内角之和一定为180度(特殊结论)。演绎法的特点是过程抽象,但逻辑关系严密,结论有时会出人意料。通过演绎法建立科学理论的关键是大前提或者说一般原理的获得。

爱因斯坦的狭义相对论是以相对性原理和光速不变原理为大前提的;广义相对论则以广义协变原理和等效原理为大前提。

爱因斯坦在建立相对论过程中所采用的演绎法与传统的演绎法有所不同,不同之处在于其大前提的提出。在经典物理中所用演绎法的大前提主要通过大量的实验研究和观测,然后归纳而得来;而相对论的基本原理是从更高层次的基本理念出发的假设,是在极少量的实验事实的启发下,依据其对世界、宇宙的认识理念(如世界的可认识性、客观规律的简单性、对称性或美学原则等)得出的。这样的基本原理不仅没有经验规律为基础,而且高度抽象,当然会引起人们的怀疑。爱因斯坦当年建立起相对论的时候很少有人相信它。即使广义相对论的几个著名预言得到实验的验证,有人提名爱因斯坦为诺贝尔奖获得者时,仍有多名诺贝尔奖获得者坚决反对此提名(爱因斯坦于1921年因其对光电效应理论的创造性贡献获得了诺贝尔奖;却从未因为相对论的贡献获得诺贝尔奖)。

要确认基本原理的正确与否必须经过从一般到特殊的严密的演绎推理得出大量的实验可检验的预言,而且必须要有传统理论得不到的预言或者与传统理论矛盾的预言;并得到实验的可重复检验。整个过程是先提出假设或原理;再演绎推理出可检验的结论;最后实验验证。正可谓"大胆假设,演绎推理,小心求证"。该方法也被称为探索性的演绎,其特点是高屋建瓴,更有预见性,结论往往超乎想象,但缺点是结论正确与否依赖于大前提,而大前提又不能直接验证。

这种方法已经应用于其他现代物理理论的建立过程中,如超弦理论、宇宙学模型的建立等。该方法在人文、社会科学领域同样有用武之地。例如法律案件诉讼过程中,好的律师就是要在非常有限的证据条件下提出合理的假设作为大前提,然后作出推论,提出可能会发现的新证据,并验证之。

在中国的传统文化及人文领域里,并不缺少"大胆假设",缺少的是演绎推理及其后的"求证"。另一方面,就包括社会科学在内的一些新兴学科整体而言,其主导思想还是"重归纳轻演绎"(这与归纳和演绎的特点有关)。因此我们学习相对论,不仅要了解其某些奇妙的结论,更重要的是要掌握其科学的思维方式,将归纳法、演绎法紧密结合并应用于实际,做到事半功倍。

参考文献

1　W.泡利.凌德洪,周万生译.相对论.上海:上海科学技术出版社,1979 年

2　俞允强.广义相对论引论.北京:北京大学出版社,1997 年

3　赵凯华,罗蔚茵.新概念物理(力学,第八章).北京:高等教育出版社,1995 年

4　史蒂芬·霍金.许明贤,吴忠超译.时间简史.长沙:湖南科学技术出版社,1998 年

5　罗杰·S·琼斯.明然,黄海元译.普通人的物理世界.南京:江苏人民出版社,1998 年

第5章　宇宙之砖　物质结构

世界由什么构成？这是人类一直关心的问题。在中国古代有元气说和阴阳五行说，认为天地万物均由元气构成。在古希腊有原子说，认为世界万物都由一种不能再分的最小基本单元"原子"构成。亚里士多德却认为物质是连续的，人们可以将物质无限地分割成越来越小的小块，正如中国战国时期的《庄子·天下篇》所言"一尺之棰，日取其半，万世不竭"。也就是说，物质可无限分割，不存在任何基本单元。那么现代科学对物质的结构又是如何描述的呢？本章将展示物质最深层次的微观结构，介绍物质单元间的基本相互作用规律。

5.1　物质结构

古代哲学家对物质的结构有许多设想，但建立在科学基础上的物质结构理论是近二三百年内才发展起来的。牛顿在 1666 年发现光谱，后来人们积累了大量这方面的资料，为探索原子结构提供了重要依据。1808 年，英国化学家道尔顿(J. Dalton)从阐明化学上的定比定律与倍比定律出发，提出了原子学说，从此开始了真正科学意义上的对物质结构的探索。

5.1.1　电子的发现与原子构成

1895 年，伦琴 (W. K. Röntgen) 发现 X 射线；1896 年，贝克勒尔 (H. Becquerel) 发现放射性；1897 年，汤姆逊 (J. J. Thomson) 发现电子。正是 19 世纪末的这三大发现，使物理学的研究对象从宏观拓展到了微观领域，他们三人也因此分别获得了 1901 年、1903 年和 1906 年的诺贝尔物理学奖。

电子的发现对物理学的影响非常深远，从那时起，人类对物质结构的认识遵循了这样一条原则，就是大的由小的组成，小的由更小的组成，而我们的目标就是要找出所有物质的最基本的粒子。电子被认为是一切原子的基本组分,电子带负电,而原子在通常情况下呈电中性,这表明原子中存在着与电子总电荷等量的正电荷。1911 年,汤姆逊的学生卢瑟福根据 α 散射实验的结果,确立了原子的有核结构,并提出了原子结构的行星模型。但该模型与经典电磁理论之间存在着明显的矛盾:一是无法解释原子的稳定性,二是无法解释原子的辐射具有分裂的光谱。1913 年,卢瑟福的学生丹麦物理学家玻尔(N. Bohr)提出关于原子的量子假设,从而建立起新的原子结构模型,他因此而获得了 1922 年的诺贝尔物理学奖。1919 年,卢瑟福用 α 粒子(氦原子核)轰击氮核,发现有质子放出,这是人类的首次人工核反应,它表明原子核内还有结构,卢瑟福由此提出了原子核内存在中子的设想。1932 年,查德威克(J. Chadwick)通过研究 α 粒子引起核反应后产物的能量动量关系,确认了中子 n 的存在:它不带电,质量几乎与质子一样。查德威克因此而获得了 1935 年的诺贝尔物理学奖。

值得一提的是,卢瑟福不仅是一位伟大的科学家,而且是一位受学者尊敬的导师,他平易近人、和蔼可亲;他喜欢学生有见解、有创新精神——哪怕跟他辩论;他不满意学生没有任何想法。在他的学生中,有十几位获得了诺贝尔奖。其中包括玻尔、查德威克、科克罗夫特(J. D. Cockcroft)、卡皮查(P. Kapitsa)、哈恩(O. Hahn)等。中国著名科学家张文裕也曾是卢瑟福的学生。

现在我们已经知道,世界上的万物都由原子构成,但此原子非古希腊原子论中不可分割的"原子",而是有内部结构的原子,它由原子核和核外电子构成,原子的尺寸约为 10^{-10}(即百亿分之一)米,而原子核和电子要小得多。原子核的半径约为 10^{-15} 米,比原子小 10 万倍,但它却占有原子的绝大部分质量;电子半径小于 10^{-18} 米,比原子小 1 亿倍以上。可以作这样一个比喻:将原子放大到足球场那么大,那么只有 1 毫米大小(一个米粒大小)的原子核放在足球场中心,比 1 微米还小(灰尘大小)的电子在跑道上运动。可想而知,原子的结构是非常稀疏的,但即使这样,原子核内部也还有结构——原子核又由质子和中子构成。质子和中子的大小与原子核同量级,均为 10^{-15} 米(10^{-15} 米也称为 1 个费米,用 fm 表示),质子的质量为 $m_p = 938.3 \text{MeV}$,中子的质量稍微重些,为 $m_n = 939.6 \text{MeV}$(其中单位 MeV 为能量单位,表示一个电子在 10^6(即一百万)伏电压的加速下所获得的能量。根据相对论的质能关系 $E = mc^2$,质量与能量成线性比例关系,能量除以光速平方即得质量,因此高能物理中常用能量单位作为质量的单位)。由于质子和中子的质量与电子相比大得多,因此将它们称为重子,其重子数 $B = 1$;而将电子称为轻子,其轻子数

$L=1$。质子在自然界中极其稳定,目前实验测得的期望寿命长于 10^{32} 年,远远超过宇宙的年龄(其测量方法与计算人的平均寿命方法类似)。自由中子(即离开原子核单独存在的中子)的寿命却只有 877 秒,即平均不到 15 分钟,中子就会衰变成质子、电子和一个新粒子,我们称这种新粒子为反中微子:

$$\text{n} \rightarrow \text{p} + \text{e}^- + \bar{\nu}_e \tag{5.1}$$

式中 p 表示质子,e^- 表示电子,$\bar{\nu}_e$ 表示电子中微子的反粒子(通常在正粒子符号上加一横短线"-"来表示相应的反粒子)。这是否预示着质子、中子内部还有结构?

5.1.2 越来越多的新粒子

1931 年,狄拉克(P. Dirac)从理论上预言存在着反电子,即带正电的电子,称为正电子。1932 年,安德逊(C. D. Anderson)通过观测云雾室照片,发现了正电子 e^+,并因此获得了 1936 年的诺贝尔物理学奖。事实上,中国的赵忠尧先生(诺贝尔奖获得者密立根(R. A. Millikan)的学生)早在 1930 年就发现了硬 γ 射线与原子核相互作用产生正-负电子对的过程,并观测到由正-负电子的重新结合并转化为两个光子的湮灭辐射,只是因为其他两个实验小组没能重复出其实验结果,而使其失去了一次获得诺贝尔奖的机会。正电子的发现具有十分重要的意义,它是人类认识反粒子的开端。粒子和反粒子的质量 m、寿命 τ、自旋 J、参与相互作用等性质都相同,仅电荷 Q、重子数 B、轻子数 L 等相加性的量子数符号相反。例如电子 e^- 和正电子 e^+ 质量均为 0.511MeV,寿命均为无限,自旋均为 $J=1/2$,都只参与电磁作用和弱作用;但是电子的 $Q=-1$,$L=+1$,而正电子的 $Q=+1$,$L=-1$。同样,质子 p 和反质子 $\bar{\text{p}}$ 的 m,τ,J 相等,仅 Q,B 的符号相反:质子 p 的 $Q=+1$,$B=+1$,而反质子 $\bar{\text{p}}$ 的 $Q=-1$,$B=-1$。电荷 Q、重子数 B、轻子数 L 在一切粒子反应过程的前后保持不变,即它们是守恒量。

例如

	e^-	+	e^+	$\rightarrow$	2γ	
Q	-1		$+1$		0	(5.2)
L	$+1$		-1		0	

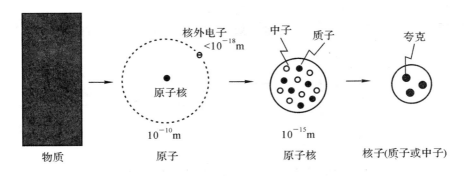

图 5.1 物质的层次结构

不同层次相对不可分性"的哲学命题。在此引导下,中国科学家于 1966 年提出了有关强子结构的"层子模型"(相当于盖尔曼的夸克模型)。诺贝尔奖获得者格拉肖曾于 1977 年在夏威夷举行的第七届粒子物理研讨会上提议将亚夸克粒子命名为"毛粒子"。那么物质到底是否无限可分呢? 也就是说,夸克还能分吗? 然而至少到目前为止,人们还不能分割夸克,甚至还不能打出单独的夸克,即夸克是禁闭的。如图 5.2 所示,介子由夸克和反夸克构成,我们希望将介子打碎成夸克和反夸克,然而却得到了两个介子(这是由于夸克和反夸克束缚得太过紧密之故,要有足够的能量才能打碎)。那么,这多出来的介子是哪里来的呢? 根据相对论,能量可以转化为质量,也就是说,用于打碎介子的能量转化成了另一个介子。由此可见,物质不是越分越小,而是越分越多,此时,我们还能说物质是无限可分的吗?

在科学研究中理论具有重要的地位。所谓理论就是在物理基础上建立模型。建立模型就需要近似,需要理想化,而理想化过程中常会涉及有限和无限的概念。例如物理学中的质点:体积无限小,密度无限大,总质量有限。点电荷:体积无限小,电荷密度无限大,总电荷有限。数学上也常涉及无限小和无限大的概念,如微分的定义。但如上所述,在真实物理中并不存在严格意义上的无限小,在超弦理论中甚至不存在确定的几何点。这似乎为计算机数值计算、数值模拟中的离散化提供了物理基础。下一章中我们还将发现宇宙也是有限的,而不是无限的。也就是说从物理角度看,空间既不能趋于无穷小,也不能趋于无穷大。但在一定条件下,无限小或者无穷大的概念是非常有用的概念,并能很好地近似描述实际系统,关键是要注意近似成立的条件。例如一根纳米碳管,直径远远小于其长度,我们有时可以将它看作没有直径的一维导线,但当你需要考虑半径方向的量子效应时,你就不能将它的直径看作是零。

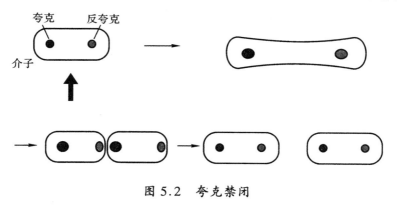

图 5.2　夸克禁闭

5.2　基本相互作用及其统一

我们已知道物质是由基本单元夸克和轻子组成,那么它们是如何相互作用而形成物质的呢? 是否存在基本的物质间的相互作用呢? 这些就是本节将要回答的问题。

5.2.1　四种基本相互作用力

原子核由质子和中子构成,由电荷的"同性相斥、异性相吸"可知,原子核中的质子与质子之间距离很小,因此有很强的库仑排斥力,那么是什么力量在维持原子核的稳定性呢? 显然,核子(质子和中子的统称)之间必定存在某种相互吸引的强大的核力,其强度应大于库仑排斥力,但作用范围要小于 10^{-15} 米,否则不同原子之间的核子也将相互吸引,从而导致原子结构的不稳定。这个核力就称为强相互作用力。除此之外,自然界还存在引起原子核衰变、有轻子参与的相互作用——弱相互作用力,它实际上是一种破坏力,例如中子在弱作用下衰变为质子、电子和电子中微子的反粒子,就像"岩石的风化",是一种缓慢的,弱的作用力。至此,我们已了解到,世界上存在着四种基本相互作用,如表5.1所示。

表 5.1 四种基本相互作用

	对象	强度	范围	交换粒子
电磁力	带电粒子间	10^{-2}	∞	γ(光子)
引力	万物	10^{-40}	∞	G(引力子)
强力	强子(如核子、夸克)	1	10^{-15} 米	g(胶子)
弱力	有轻子参与	10^{-5}	10^{-18} 米	$W^{\pm}$,Z^{0}

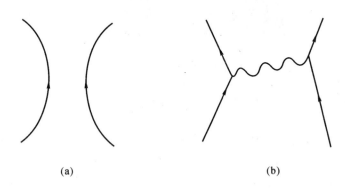

(a)   (b)

图 5.3 粒子间的相互作用

这四种基本相互作用都是通过媒介粒子传递的,如图 5.3(b)所示,而不是如图 5.3(a)所示的那样是直接相互作用的。作一个不恰当的比喻:两个站在非常光滑的地面上的人,他们可以通过相互扔球而产生相互排斥作用。因为扔球的人由于动量守恒,要作与球反方向的运动,而接球的人同样由于动量守恒,要作与球同方向的运动,结果二者相互远离,即两者通过交换一个球而相互排斥。根据相对论的结论,任何物体都以光速为运动极限,因此通过交换媒介粒子而传递的四种相互作用都不是即时的。例如,两个相距一定距离的星球间的吸引作用是需要时间的,也就是说,其中一个星球受到扰动,要过一段时间后才能影响到另一个星球,传递的速度为光速。

四种基本相互作用共有 13 种媒介粒子,也叫规范粒子。它们是传递电磁相互作用的光子 γ、传递引力相互作用的引力子 G、传递弱相互作用的 3 个中间玻色子 W^{+}、W^{-} 和 Z^{0} 及传递强相互作用的 8 个胶子 g。图 5.4 所示为到目前为止物质结构的基本单元。

物理学家一直梦想将自然界中的四种基本相互作用纳入某种单一的统一

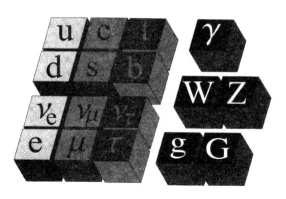

图 5.4 物质基本单元图

(宇宙之砖:左侧上面六个方块表示六味夸克,下面六个方块表示六种轻子;右侧 5 个
方块分别代表传递相互作用的粒子:光子 γ,玻色子 W、Z,胶子 g 和引力子 G)

理论之中。1967 年,温伯格(S. Weinberg)和萨格姆(A. Salam)首先解决了电磁力与弱力间的统一问题,建立起了弱电统一的规范理论,他们因此而获得了 1979 年的诺贝尔物理学奖。

5.2.2 奇妙的规范对称性

对称性在现代物理学,特别是在粒子物理学的发展过程中起着极其重要的作用。所谓对称性,就是一个物体或物体系统在某种变换下具有的不变性。例如,一个均匀的圆球绕其球心转动任意角度,它的各种性质,如密度、形状、大小等保持不变,也就是说,该球具有转动对称性。在我们周围,几何对称性随处可见,它给自然界带来了和谐与美。

物理学家发现物理量的守恒定律与对称性有着一一对应的关系。例如能量-动量守恒对应着时间-空间平移的不变性,即物理性质与哪一时刻作为时间的起始点,哪一地点作为空间的原点无关;又如电荷守恒对应着整体规范变换的不变性,即整体规范对称性,它是一种抽象的对称性。

在量子场论中,每一种粒子对应一个场,粒子是场的量子。例如,光子是电磁场的量子。粒子用时间-空间坐标描写,而场用时间-空间坐标的函数如 $\Psi(x)$ 来描写,其中变量 x 包含时间-空间四个分量。$\Psi(x)$ 称为场函数,它的性质由它所满足的场方程决定,也就是说,知道了场方程就知道了场的性质。如电磁场的场方程就是麦克斯韦方程组,而场方程又由拉格朗日函数决定,换言之,拉格朗日函数决定了场的所有性质。如果在某种变换下,拉格朗日函数保持不变,则系统具有该种变换的不变性。所谓规范对称性是指场函数乘上如下形式的相位因子,拉格朗日函数保持不变:

$$\Psi(x) \to e^{iT_j\theta_j}\Psi(x) \tag{5.4}$$

式中 $T_j\theta_j$ 表示 $T_1\theta_1 + T_2\theta_2 + \cdots + T_n\theta_n$。若 θ_j 与时空坐标无关,称为整体规范变换;若 θ_j 与时空坐标有关,称为定域规范变换。具有不同性质的 T_j 对应于不同的规范变换。令人感到奇妙的是,所有已知的描写各种相互作用的量子场论都具有规范对称性,只是不同的理论对应于不同的规范对称性。例如,描述电磁场量子理论的量子电动力学(QED),具有 $U(1)$ 规范对称性。所谓 $U(1)$ 规范是指(5.4)式中的 T_j 只有一个分量,即 $n = 1$。量子场论通过规范对称性不仅引入了规范场(QED 的规范场就是电磁场),而且还限制了物质场与规范场的相互作用形式。总之,规范对称性在量子场论中起着关键的作用。

5.2.3　标准模型

温伯格-萨格姆理论(简称 W-S 理论)具有 $SU(2) \times U(1)$ 规范对称性,即它既具有 $SU(2)$ 规范对称性(相当于 5.4 式中的 T 是 2×2 的矩阵),同时又具有 $U(1)$ 规范对称性,它展现了称作对称自发破缺的性质[①]。它表明:在低能量状态下一些看起来完全不同的粒子,事实上只是同一类型粒子的不同状态。在高能状态下,所有这些粒子都有相似的行为。这与轮盘赌上轮赌球类似:在轮子转得很快时(即高能下),球的行为基本上只有一个方式,即不断地转动;但是当轮子慢下来时,球的能量减少了,最终球就落入轮盘上的 37 个槽中的一个。这就是说,在低能下,球可以存在 37 个不同的状态。如果由于某种原因,我们只能在低能下观察球,我们就会认为存在 37 种不同类型的球。1983 年,欧洲核子研究中心(CERN)发现了 W-S 理论预言的两类新粒子,从而从实验上证实了上述理论的正确性,鲁比亚(C. Robbia)和范德梅尔(Simon

---

①　对称自发破缺的一个实际例子是:用圆桌吃饭前,筷子的放置是完全对称的,各人可以拿右边的筷子也可拿左边的筷子,但第一个人拿了一边的筷子,对称性就自发地破坏了,其后的人都得跟着拿同一边的筷子,否则有人拿不到筷子,有人又多出了筷子。

Van der Meer)因此而获得了 1984 年的诺贝尔物理学奖。

电磁力与弱力由 W-S 理论描述,强相互作用则由具有 $SU(3)$ 规范对称性(相当于 5.4 式中的 T 是 3×3 的矩阵)的量子色动力学(QCD)描述。把两个理论组合起来统一描述强、弱、电三种相互作用,称为基本粒子的标准模型,它具有 $SU(3) \times SU(2) \times U(1)$ 规范对称性。到目前为止,所有的粒子物理实验结果都与标准模型惊人地符合。尽管时常有人宣称得到了与标准模型不相符的实验结果,但往往仅过了一两年,新的实验结果就否定了他的结果,并与标准模型相一致。这表明标准模型是成功的,但其参数较多,因此人们希望能建立更简洁的统一理论,其中之一就是所谓的大统一理论(Grand Unified Theory, GUT)及超对称大统一理论,但到目前为止,还没有取得完全的成功。

有所缺憾的是,无论是简单大统一理论还是超对称大统一理论,都没有包括引力。现在国际上正在努力建立同时包括四种基本相互作用的统一理论,其中非常有希望的一个理论是所谓的超弦理论(Superstring Theory),但要真正取得成功,尚有许多路要走。

5.3 原子能及其应用

能源是人类生活和经济发展的基础,社会进步离不开能源科学的发展。随着世界经济的发展,人类对能源的需求越来越大,然而传统的能源如煤炭、石油、天然气等资源有限而且不可再生,何况石油又是重要的工业原料,这使"能源危机"成为人类共同关注的问题,而以原子核理论和相对论为基础的原子能的开发和利用为人类开发新能源掀开了新的篇章。

5.3.1 原子核的结合能

我们从前面已经知道,原子核由质子和中子组成。由于整个原子呈电中性,所以原子核内的质子数与原子核外的电子数相等,用 Z 表示,核内中子数 N 等于原子核的质量数 A 减去质子数 Z,即 $N = A - Z$。或者说,原子核由 A 个"核子"(质子和中子的通称)所组成。因此,我们可用如下符号表示各元素的原子核

$$_Z^A \text{元素}$$

(5.5)

例如 $_1^1H$ 表示氢原子核,即质子; $_{92}^{238}U$ 表示质量数为 238,质子数为 92 的 92 号元素铀的原子核。自然界中还存在着一些电荷相同但质量不同的原子核,它们被称作同位素,例如氢的同位素有 $_1^1H, _1^2H(氘)$ 和 $_1^3H(氚)$ 三种。因为决定原子化学性质的是原子的核外电子数,同位素具有相同的质子数,也就具有相同的核外电子数,因此同位素往往具有相同的化学性质。例如氢可与氧化合生成水 H_2O,氘(D)也可以与氧化合生成重水 D_2O。

人们进一步的实验发现,原子核的质量并不简单地归结为所有质子的质量和中子的质量之和,而是有微小的差异。这是因为原子核内的质子和中子存在相互吸引的强大核力,所以在形成原子核的过程中,要释放出能量,其大小就定义为该原子核的结合能。反过来我们也可以讲,核的结合能就是我们要把原子核打碎,使所有核子全部分开到无穷远处所需要的能量。根据爱因斯坦著名的质能关系(4.3)式,结合能 B 可表示为:

$$B(Z,A) = [Z \cdot M_H + (A-Z) \cdot m_n - M(Z,A)] \times c^2 \qquad (5.6)$$

式中,M_H 是氢原子的质量,m_n 是中子的质量,$M(Z,A)$ 是原子 (Z,A) 的质量,上式中已略去了电子的结合能的影响。例如,氘(D)是氢的同位素,在海水中,100 万个氢原子中约有 150 个氘原子。氘核是核聚变反应的主要原料,它由一个质子和一个中子组成,其结合能为:

$$\begin{aligned}
B &= [M_H + m_n - M(D)] \times c^2 \\
&= (1.007825 + 1.008665 - 2.014102) \times 931.5\text{MeV} \\
&= 2.224\text{MeV}
\end{aligned}$$

表 5.2　原子核的结合能

原子核	结合能 B(MeV)	单个核子的平均结合能 $\mathscr{E}$(MeV)
$_1^2H$	2.224	1.112
$_1^3H$	8.485	2.828
$_2^3He$	7.720	2.573
$_2^4He$	28.30	7.075
$_3^6Li$	31.99	5.332
$_3^7Li$	39.25	5.603
$_4^9Be$	58.16	6.462
$_5^{10}B$	64.75	6.475

表 5.2 给出了部分原子核的结合能及单个核子的平均结合能,图 5.5 给出了每个核子平均结合能 $\mathscr{E}=B/A$ 随质量数 A 的变化曲线。

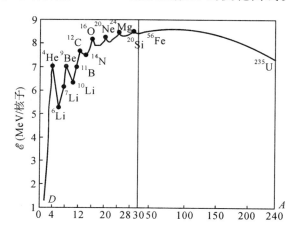

图 5.5　原子核内每个核子的平均结合能曲线

从图 5.5 中可以看出,曲线两头低,中间高,在 ^{56}Fe(铁)处有一极大值,$\mathscr{E}=8.79$MeV/核子;在氘核(D)处有最小值,$\mathscr{E}=1.112$MeV/核子,粒子平均结合能小的原子核在经过核反应后转变成结合能大的原子核的过程中将会释放出能量,其能量值为反应后总的结合能减去反应前的总结合能。图 5.4 表明:小原子核或大原子核转化为中等大小的原子核均能放出能量,其中氘核聚变会放出更多的能量。在轻核里,还有一个值得关注的核是 $^4_2$He,即 α 粒子,其 $\mathscr{E}=7.075$MeV/核子,比周围的核都大,这表明它特别稳定,很难打碎。由于 $\mathscr{E}$ 的最大值对应于铁原子核,所以原子核的结合或演化的结果为:凡是向铁核靠近的,就必定释放原子能。一些有实际意义的核变化将在下面介绍。

5.3.2　原子能的可能释放模式

原子能的可能释放模式有如下三种:即原子核衰变、原子核裂变和原子核聚变。

1.原子核衰变

原子核衰变是指某一原子核自发地演变成为另一种原子核并放出相应粒

子的过程。例如:

$$^{238}_{94}\text{Pu}(钚) \rightarrow {}^{234}_{92}\text{U}(铀) + \alpha + 5.6\text{MeV} \tag{5.7}$$

其半衰期是 87.84 年。虽然由这一衰变提供能量的能源是小型能源,但由于它的半衰期长达近 90 年,所以通常可利用它作为小型发电装置为卫星提供能源。

又如:

$$^{3}_{1}\text{H}(氚) \rightarrow {}^{3}_{2}\text{He}(氦的同位素) + \beta + \bar{\nu}_e + 0.0186\text{MeV} \tag{5.8}$$

2. 原子核裂变

原子核裂变包含三种方式,一种是重原子核自发地碎裂成两块,并放出能量,称为自发裂变。如:

$$^{235}_{92}\text{U}(铀) \rightarrow 两个成分不同的碎块 + 200\text{MeV} \tag{5.9}$$

其半衰期长达 1.8×10^{18} 年。

另一种是在中子作用下而引发的核裂变,并释放出 2~3 个中子的过程,称为中子诱发裂变,如:

$$\text{n} + {}^{235}_{92}\text{U}(铀) \rightarrow 两个碎块 + 2 或 3 个中子 + 200\text{MeV} \tag{5.10}$$

其每个核子平均释放出约 0.85MeV 的能量,即大约有千分之一的质量转化成了可利用的能量。

还有一种方式是原子核碎裂,指高能粒子轰击到原子核上,将原子核击成很多碎块,并放出能量。例如:

$$\text{p}(1\text{GeV}) + {}^{238}_{92}\text{U} \rightarrow 碎裂成其他碎块 + 45\text{n} + 200\text{MeV} \tag{5.11}$$

上述过程实际上是吸热过程,因为入射质子能量高达 1GeV = 1 000MeV,比释放出的能量还多。但碎裂反应新产生的 45 个中子,可以进一步将不宜用作核裂变燃料的 ${}^{238}_{92}\text{U}$ 和 ${}^{232}_{90}\text{Th}$ 转化为可用于核裂变燃料的 ${}^{239}_{94}\text{Pu}$ 和 ${}^{233}_{92}\text{U}$(现在人们常用的核裂变燃料 ${}^{235}_{92}\text{U}$ 只占天然铀的 0.7%)。

3. 原子核聚变

原子核聚变是指由轻原子核融合成质量数较大的核并放出能量的过程,

例如：

$$D + D \rightarrow T + p + 4.0\text{MeV}$$ 　　　　　(5.12)

$$D + T \rightarrow \alpha + n + 17.6\text{MeV}$$

或　　　　$$D + D \rightarrow {}^3_2\text{He} + n + 3.3\text{MeV}$$

$$D + {}^3_2\text{He} \rightarrow \alpha + p + 18.4\text{MeV}$$

式中 D(氘)即为 ${}^2_1\text{H}$，T(氚)即为 ${}^3_1\text{H}$。从上式可知：三个氘核可以产生一个 α 粒子、一个质子和一个中子，并放出约 22MeV 能量，每个核子平均释放出了约 3.5MeV 的能量，即核聚变反应效率约为核裂变反应效率的 4 倍。

5.3.3　原子能的和平利用

利用中子激发引起的核裂变，如中子对 ${}^{235}_{92}\text{U}$，${}^{239}_{94}\text{Pu}$ 或 ${}^{233}_{92}\text{U}$ 核的诱发裂变，是人类目前大量释放原子能的主要方式。前面已介绍过，在中子轰击上述物质引起核裂变释放出能量的同时，会释放出 2～3 个中子，这些中子会进一步引起其他更多核的裂变，如此不断增殖的链式反应继续下去，如图 5.6 所示，就会有大量的原子能释放出来。人们要和平地利用这些原子能，必须设法控制链式反应中中子的增殖速度，否则会产生核爆炸。在实际的核反应堆中，是利用对热中子有很强吸收能力的镉制成控制棒，通过自动调节控制棒在核反应堆中的插进或抽出，来调节对中子的吸收，从而控制裂变反应的速度。图 5.7 给出了可控反应堆堆芯的示意图。

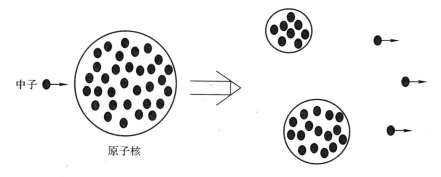

图 5.6　核反应

通常的化学反应,例如煤的燃烧,是空气中的两个氧原子与煤中的一个碳原子结合成为一个二氧化碳分子,并放出能量的过程。此时,氧核和碳核都没有发生变化,变化的只是它们外层的电子状态。单个分子的能量变化约为 1eV 的数量级,也就是说只有 $10^{-11} \sim 10^{-9}$ 的质量转化为能量而放出,因此核反应的效率是化学反应的 $10^6 \sim 10^8$ 倍(即一百万到一亿倍)。例如一座百万千瓦级的压水堆核电站,一年仅需补充 30 吨核燃料,其中仅消耗 1 吨左右的 ^{235}U,其余均可回收利用。而同样规模的热电厂,要燃原煤 250 万吨,平均每天约需 7 000 吨,这数千吨燃煤在大部分以煤渣的形式留下的同时,要向大气层排放大量的污染物,如二氧化硫、氮氧化物及煤粒、粉尘等,因此核电站不仅成本比热电厂要低,而且对环境的污染也小。

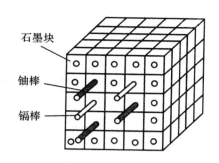

石墨块

铀棒

镉棒

图 5.7　可控核反应堆堆芯示意图

尽管目前的核电站与热电厂相比有很多优点,但作为核电站的燃料铀,资源有限,迟早要面临铀矿枯竭的危机,更何况核裂变废料具有放射性。因此,有必要开发更理想、洁净和资源丰富的能源——核聚变能。从前面我们已知,氘(D)-氚(T)聚变反应中,平均每个核子放出的能量是核裂变时平均每个核子放出能量的四倍,其反应物氦核(α 粒子)、质子和中子并不像核裂变废料那样具有长期的放射性,而且海水中氢与氘的原子数之比约为1:0.000 15。按重量计算,氘构成的重水约是海水的1/6 000(即六千分之一)。1 克氘经聚变放出大约 10^5 千瓦时(度)的能量。由此估算,1 升海水中的氘核聚变放出的能量相当于燃烧 300 升汽油所放出的能量。按目前世界能源的消耗水平估计,地球上所有海水中的氘可供人类使用数百亿年,而地球的寿命只剩 50 亿年。

然而,要实现核聚变是极其困难的事,因为原子核带正电,要让两个都带正电的原子核靠近并融合成为一个更大的原子核,首先必须克服原子核间的库仑排斥力,例如使原子核具有很大的动能,这就要求满足高温高密度条件。理论估计温度要达到 1 000 万度以上,才有可能克服原子核间的库仑排斥力。在如此高温下,原子已完全电离,即原子核与核外电子相分离,成为所谓的等离子体。在高温下,带电粒子的加速运动因产生辐射而失去能量,因此要使聚变能减去各种能量损失后有净的能量增加——能量增益,对等离子体的密度

n 及约束时间 t 的乘积 nt 有一定的要求。要使高温、高密度的等离子体维持一定时间,必须要有一种既能耐高温又不导热的"容器",否则温度立即下降,聚变反应将停止。目前,用来约束等离子体,使其不散开的方法有三种:

一种是引力约束,例如太阳和其他恒星通过引力的作用,其内部可以维持几千万度的高温(太阳内部温度达 1 500 万度以上)。

另一种是磁约束。磁约束装置种类很多,其中最有希望的是环流器,又称托卡马克(Tokamak)装置,其中心是一个不锈钢环形真空室,其中充以氘气;在真空室外绕有螺旋线圈,通电后环中将产生环形磁场,进而在环状容器中感生出电流,加热环中氘气,此电流可高达 10^6 安(培)以上。氘气加热后成为等离子体,其在磁场的作用下悬空于环形容器之中,因此与器壁之间不存在热传导。几年前,在欧洲核子中心已实现了磁约束可控核聚变,只不过是零功率输出,即输出的能量与输入的能量相当,还未真正做到商业发电。我国在可控核聚变研究中也有一些可喜的进展,如在四川成都核工业西南物理研究院建成了环流器二号 A,在合肥中国科学院等离子体研究所建成了超导托卡马克装置,2005 年建成世界上第一个全超导核聚变实验装置 EAST,但距真正的可控核聚变还有一定距离。2005 年 6 月 28 日中国、日本、韩国、俄罗斯、美国和欧盟 6 大成员国(2006 年印度也加入了该计划)在莫斯科确定,在法国的卡达拉舍(Cadalache)共同出资建造国际热核聚变实验反应堆,简称 ITER (International Thermonuclear Energy Reactor),它将为当前等离子体物理研究和今后商业核聚变电厂的建设建立一个桥梁。该计划是目前世界上最大的国际合作项目之一,总投资 100 亿欧元,其中欧盟预算 30%,法国承担 20%,其他五个成员国各承担 10%。项目预计 2016 年投入运行(可运行 20 年),输出功率 50 万千瓦。(ITER 网页为 http://www.iter.org)

再一种是惯性约束。氢弹本质上是靠惯性约束来实现核聚变反应的,但无法人工控制。1960 年激光诞生后,我国著名科学家王淦昌先生独立地提出了激光惯性约束核聚变的新概念。也就是利用几束强激光同时照射到氘、氚混合燃料丸(直径几毫米)上,在高能激光的照射下,使 D-T 微球产生高温,在气化飞溅的同时产生向内的强压缩力,从而使小球达到高温、高密度的核聚变反应条件,引起核聚变。目前中国科学院上海光学精密机械研究所的"神光"高功率激光器的激光脉冲功率已超过 10^{13} 瓦,并在进一步向更高功率迈进。不过,离真正的可控核聚变也还有一段距离。

5.3.4 核武器及其小型化

与大多数高科技的应用一样,原子能的应用也是首先从军事目的开始,原子能应用的第一个例子是原子弹。世界上第一颗原子弹由洛斯·阿拉莫斯实验室设计,于 1945 年 7 月在美国新墨西哥沙漠中引爆;第一颗用于战争的原子弹,是 1945 年 8 月 6 日美国投在广岛的原子弹(代号 Little Boy)。在这些原子弹的中间是垒球大小的一个钚心,周围是 1.52 米(5 英尺)厚的高能化学炸药,整个炸弹大得像一辆汽车,小的飞机都装不上去。第一颗于 1952 年在美国引爆的氢弹更是重达 82 吨。原子弹的威力比一般的化学炸弹大 100 万到 1 亿倍,为什么要制造得如此巨大呢? 这得从原子弹的基本原理说起。

我们在前面已经介绍过,核裂变材料在中子的诱发下,会产生链式核反应。但这个链式反应的维持是有条件的,例如铀在中子的诱发下产生如下的反应:

$$n + {}^{235}_{92}U \longrightarrow {}^{144}_{56}Ba + {}^{89}_{36}Kr + 3n + 200MeV \tag{5.13}$$

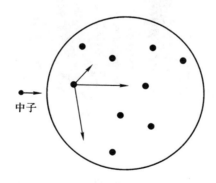

中子

图 5.8 临界半径

如图 5.8 所示,一个中子打到一个铀核上会产生三个中子,但由于原子核体积在整个原子中所占比例很低,而且中子不带电,新产生的中子不一定能全部碰到 ${}^{235}U$ 而产生新的核反应。实际上,有一定几率的中子根本没有碰到 ${}^{235}U$ 就离开了核燃料。如果 100 个中子核反应后,产生 300 个中子,而有 200 多个中子未碰撞到核就离开了核燃料,那么有效的中子数就会越来越少,最后链式反应必定终止。只有当能引起下一级核反应的中子数比入射中子数多时,才能导致核反应的扩大而致爆炸。刚好能维持链式反应,即平均来说中子既不增加也不减少的状态称为临界状态。显然,核燃料块越大,中子不与原子核碰撞就逃离的几率越小,也即核燃料存在一个临界体积。当体积大于此临界体积时,核反应将得到放大,否则链式反应将终止。临界体积对应的质量称为临界质量。例如 ^{235}U 的临界质量为 13 千克,^{239}Pu 的临界质量为 2.2 千克。也就是说,只有大于 13 千克的 ^{235}U 块才可能产生核爆炸。

原子弹中,铀或钚被分成两块,每块都不到临界质量,但当利用普通炸药引爆后,把两块核材料挤压成一块时,其总质量就超过了临界质量,于是链式反应剧烈地发生,图 5.9 即为 Little Boy 原子弹的装置示意图。为了使原子弹在未引爆前保证安全,引爆时能顺利爆炸,需有较大的附属控制装置,这使原子弹的总体积增大。因此,要使原子弹小型化,一方面要减少原子弹引爆控制装置,另一方面要减少临界质量。

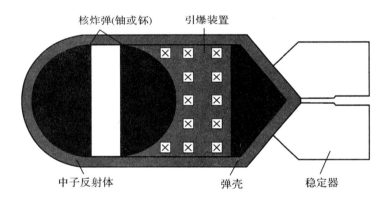

图 5.9　原子弹结构示意图

从前面可知,提高核燃料的密度就可提高中子碰撞原子核的可能性,从而减少其临界质量。目前,美、俄正在研制通过普通炸弹产生强脉冲,从而大大地压缩核燃料以达到原子弹小型化的途径。美国 80 年代研制的 W-88,是最先进的微型核武器之一,一枚三叉戟潜艇装载的 D-5 型导弹可同时装 8 个 W-88 弹头,每艘三叉戟潜艇装备有 24 枚导弹,即一艘潜艇就可以配备 192 个热核弹头。

氢弹是通过利用原子弹放出的高能量达到氘氚混合物的高温、高密度,进而达到核聚变条件,实现热核爆炸的,所以原子弹是氢弹的必要的"扳机",而正因为如此,氢弹的体积比原子弹还要大。

目前,一些核大国正在研制一种所谓中子弹的核武器,实际上是以放射中子为主的核武器。由于中子不带电,不会与核外电子和原子核产生电相互作用,因此中子流具有很强的穿透力,但中子的寿命有限,其衰变产物电子和质子,对电子设备、生物有很强的杀伤力,不过对硬件设备的毁坏较轻,是对付航空母舰的最佳武器,其有效攻击范围为几公里,爆炸后不像一般原子弹那样留有永久的放射性。

我们希望原子能被和平的目的所利用,不希望发生核战争,但任何东西都有两面性,核武器由于其威慑作用,在某种程度上也可减少一些大规模战争的威胁。

参考文献

1　张礼.近代物理学进展.北京:清华大学出版社,1997 年

2　尹儒英.高能物理入门.成都:四川人民出版社,1979 年

3　史蒂芬·霍金.许明贤,吴忠超译.时间简史.长沙:湖南科学技术出版社,1998 年

4　丁亦兵.统一之路——90 年代理论物理学重大前沿课题.长沙:湖南科学技术出版社,1997 年

5　李政道.物理学的挑战.科学.vol. 52(2000),no.3,3

6　褚圣鳞.原子物理学.北京:人民教育出版社,1979 年

7　卢希庭.原子核物理.北京:原子能出版社,1981 年

8　蔡枢,吴铭磊.大学物理.北京:高等教育出版社,1996 年

9　倪光炯.改变世界的物理学.上海:复旦大学出版社,1999 年

第6章　膨胀着的宇宙

　　茫茫宇宙有无边际？芸芸众生身在何处？我们生活的宇宙是否像生命一样有生有死？这些问题不仅先哲们十分关心，即使普通的民众乃至孩童也都非常关心。人类对于宇宙的探索可谓经久不衰。在西方，从亚里士多德-托勒密的"地心说"到哥白尼-伽利略的"日心说"，经历了整整2 000年的时间。在中国古代，上至帝王将相下至平民百姓，很多人对宇宙、天文充满兴趣，甚至据此而预测国家、民族的兴衰，很多朝代都有专门的官员观察星相。目前，我国台湾"中央研究院"存有一片甲骨，其上所刻甲骨文的内容是世界上首次关于新星(Nova)的观察记录(见图6.1)，其大意是：七日黄昏时有一颗新大星出现在大火(大火即心宿二星座)附近。20世纪，人类对宇宙学的研究有了长足的进展，特别是爱因斯坦有关引力的新理论——广义相对论的建立以及20世纪20年代哈勃红移的发现，使人们第一次醒悟到："永恒的宇宙"居然也会演化、

　　记载新星爆发的一片中国古代甲骨文，这是人类历史上最古老的新星观察记录。图中加方框的即"新大星"三字。

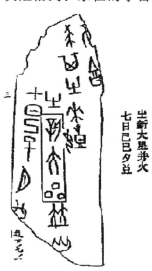

图6.1　记载有新星爆发的古代甲骨

膨胀。现代宇宙学的知识不仅大大地丰富了我们的科学知识,而且对我们世界观的改变有着深刻的影响。以下将对现代宇宙学作简单介绍,并试图回答前述问题。

6.1　传统宇宙观及其不足

　　传统的宇宙观有三类:一类是有起源说,例如中国的道家认为宇宙创生于混沌之中,清气上升成为天,浊气下降成为地。西方的基督教则认为"上帝"创造了宇宙。另一类是轮回的宇宙说,认为宇宙既会周期性地死去,又会像火凤凰似地以新的表现形式再生,虽然这一过程非常漫长,却与我们日常体察到的生与死、日与夜的现象相符合。再一类是所谓的永恒说,认为宇宙根本就没有什么开端,它始终就像现在这样。对长期受无神论教育的中国青年来说,更易接受的是最后一类宇宙观。

　　然而所有这些传统的宇宙观都不能成为科学,因为它们只有解释,而没有预言。例如说下雨是因为"雨神在哭泣",它可以使你不再为雨从何处来而操心,但并未真正阐明雨的来源,也就不能预报何时下雨。下面我们将着重从人们普遍接受的永恒宇宙观出发,去探讨宇宙的起源与现代科学间的自洽性。

6.1.1　永恒的宇宙与热力学的矛盾

　　大家知道,一块冰放入一杯水中,冰慢慢会溶化;一块烧红了的铁块放入一杯水中,铁块会慢慢被冷却,最后与水同温。这就是热力学规律——热量会从温度高的物体流向温度低的物体,最后使它们趋向于一个共同的温度。

　　如果宇宙是永恒的,那么如果它遵循热力学规律,可以想像宇宙最后会趋于同一温度,即所谓宇宙的"热寂",而不是像现在这样,各种星体具有不同的温度,如太阳的表面温度大约为 6 000℃。若宇宙无限"老",那么它早就死亡了;除非宇宙无限大,以至于不可能热平衡,或者像很多物理学教科书所说的那样,从有限体系得出的热力学规律不能用于无限的宇宙。那么宇宙真是永恒、无限的吗?

6.1.2 夜空为什么是黑暗的——奥伯斯佯谬

我们知道光强与距离的平方成反比,也就是说,离光源越远,光强度越弱。除太阳之外的恒星离我们很远,所以光线很弱。

但是如果宇宙无限大,假设有无限多颗亮度基本一样的恒星,且大体呈空间均匀分布,那么距离增大一倍,对应的球面面积增加 4 倍,其上的恒星数量也增加了 4 倍,虽然每颗恒星照射到地面的强度减弱为 1/4,但总强度并没有减少。也就是说,每一个球面上的恒星照射到地面的光强是一样的,即使强度很小,但有无限多层球面叠加的光强将是无限大。

比如从地球表面看,10 光年处有 5 颗恒星,照到地面的光强均为 I_0,到达地面的总光强为 $5I_0$,那么 20 光年处会有 20 颗恒星,照到地面的总光强为 $\frac{I_0}{4} \times 20 = 5I_0$,这样一来,无限多层恒星的总光强将是无限大,此时不管是否有太阳的存在,天空总是明亮的。因此,如果宇宙是永恒的,且为无限大,我们的夜空就应该是非常明亮的,而不是像现在这样是黑暗的。这就是所谓的奥伯斯佯谬。

也许有人会认为是前面的恒星挡住了后面的星光。确实如此,但经过足够长的时间后,前面的恒星必定会被加热,这使得宇宙的温度上升,最后达到热平衡——相当于几千开的温度,而有了温度就会产生热辐射,最后夜晚的天空仍将是明亮的。

6.1.3 问题的解决

如果宇宙的年龄是有限的,那么上述奥伯斯佯谬就可以解决了。因为光速是有限的(3×10^8 米/秒),星光传到地球是需要时间的。若宇宙诞生于 150 亿年前,则凡是与我们的距离大于 150 亿光年的恒星,其星光就来不及传到我们这里,这样即使恒星有无限多个,照到我们这里的星光仍是有限的,可能还是很微弱的。

宇宙年龄有限的设想还可以解决前面的热力学问题,因为要达到热平衡是需要时间的,若宇宙创生至今还没有足够的时间来达到热平衡的话,问题自然解决。因此,我们推论:宇宙是有起源的。然而这毕竟是一种猜测,是否确实,必须要有实验或观测事实的证据。

6.2　哈勃(E.Hubble)的发现

　　从上一节,我们知道"无限永恒的宇宙"与现有的热力学和光学相矛盾,从而推论宇宙是有起源的,而有起源就必定有演化。事实上,爱因斯坦在建立广义相对论时,就预言宇宙要么膨胀,要么缩小,只不过他不相信这样的结果而修改了他的引力场方程。

　　那么天文观测的结果又如何呢?

6.2.1　波的多普勒效应

　　当我们用手指在一泓静水中搅动,可以发现一串水波离开我们的手指而去,若手指一边搅动一边逆着波的传播方向移动,就可以观察到波峰与波峰间的距离增大,即波长增大,频率减低,反之则波长缩短,频率增高。这就是所谓的波的多普勒效应。例如火车迎面驶来时,我们会感觉到汽笛的音频较高,而

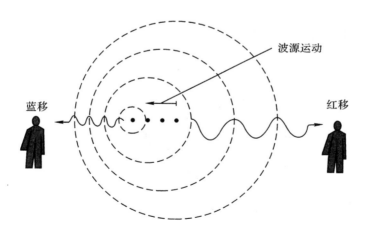

图 6.2　多普勒效应——汽笛发出的球形声波以声速膨胀

(迎着声源的观察者接收到的声波频率较高,波长较短;远离声源者接收到的声波频率较低,波长较长)

离开时音频较低,见图6.2。光是一种电磁波,它也有多普勒效应,当光源离我们而去时,我们观察到的波长就变长,离开我们的速度越快,波长变化越大。反过来,当我们知道了波长的变化就可推算出波源的运动方向和速度。高速公路上的激光测速就是利用这个原理进行的,由此还可以测量高温等离子体的温度(因为温度越高,等离子运动的速率也越大,产生的频率变化就越大)。

6.2.2　恒星距离的测定

同类恒星(例如有相同的组分、大小等)具有相同的固有亮度,但它们的"视亮度"与它们和我们之间的距离平方成反比,因此,通过同类恒星的视亮度的变化可测出它们与我们之间的距离。

6.2.3　哈勃的发现

1920年,哈勃对遥远星系中星光的颜色进行了详细的观测(1999年1月7日,美国天文学会公布哈勃望远镜的最新结果,宇宙有1 250亿个星系),发现远星系的颜色要比近星系的稍红些(即波长长些),进一步地仔细测量发现:星系离我们越远,颜色越红。这表明,星系都飞快地远离我们而去,而且距离我们越远退行速度越快。作图6.3,发现有线性关系

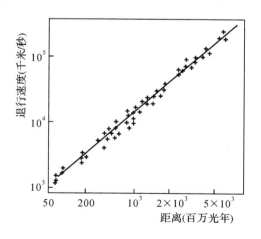

图6.3　哈勃定律——星系退行速度与距离成正比

$$v = H \cdot R \qquad\qquad (6.1)$$

式中 H 称为哈勃常数,目前的值为 $H_0 \approx 50 \sim 100$(千米/秒)/Mpc[①],$1\mathrm{Mpc} = 3.1 \times 10^{22}$ 米。

　　哈勃的发现表明:宇宙恒星间的距离在变大,也就是宇宙的密度在减小,即宇宙正在膨胀!它证实了广义相对论对宇宙所作出的预言——宇宙不是静态的。该结论被认为是 20 世纪最伟大的天文学发现之一。

6.3　宇宙的起源

　　既然宇宙在膨胀,反推回去即宇宙曾经很小,也就是说,我们的宇宙在遥远的过去可能是聚合在一起的。根据现在的膨胀速度,我们可以推断这种聚合状态出现在大约 $100 \sim 200$ 亿年前(最近比较精确的结果是 137 亿年)。当然,这个数据是有误差的,一方面测量有误差,另一方面哈勃常数 H 是随时间而变的。那么宇宙是如何从当时的聚合状态演变成现在这样的呢?

6.3.1　大爆炸模型(Big Bang)

　　根据当前宇宙膨胀的速度,可以反推出宇宙在 137 亿年前脱胎于高温、高密度状态。形象地说,宇宙诞生于一个体积很小、温度极高的致密物体的"大爆炸"。随着宇宙的膨胀,其中物质的密度减少了,温度下降了,进而逐渐达到目前宇宙的低温(绝对温度 3 开左右,即零下 270℃ 左右)、低密度(约 10^{-27} 千克/立方米)状态。

　　往回追溯到大爆炸后 10^{-43} 秒(称这一时刻为普朗克时刻),此时宇宙的温度高达 10^{32} 开。10^{-35} 秒后,温度降到了 10^{28} 开,半径约为 3 毫米,见图 6.4。根据现有基本粒子理论的计算,此时宇宙中存在着几乎等量的粒子和反粒子,即几乎等量的电子和正电子、中微子和反中微子、夸克和反夸克等。

　　从 10^{-35} 秒到 10^{-33} 秒,宇宙经历了一次暴胀过程(即突然的快速膨胀过

[①]　$1\mathrm{pc} = 206\ 264.8$ a.u. $= 3.0856 \times 10^{13}\mathrm{km} = 3.2615$ 光年。

　　pc 为 1 秒差距,表示星体的三角视差为 1″时的距离。

　　a.u. 为天文单位,表示从太阳到地球的平均距离。1 a.u. $= 1.49598 \times 10^8 \mathrm{km}$。

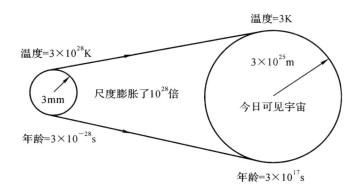

图 6.4　膨胀宇宙模型

程,见图 6.5)。随后宇宙继续膨胀,温度逐渐下降,在不同的温度下发生了不同粒子的反应过程。首先是夸克阶段,此时夸克和反夸克彼此结合而消失成为能量,仅剩下少数的夸克合成为普通的强子物质,例如质子和中子。只是在最初 1 毫秒的强子阶段,才有利于强子间的反应和自湮灭。

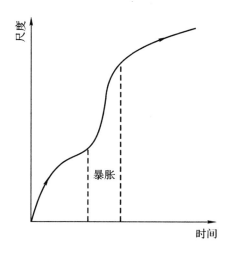

图 6.5　宇宙暴胀模型

接下来是轻子自湮灭的轻子阶段,约延续到爆炸后的 0.1 秒。于是由物质和反物质湮灭产生的光子充满了这个原始火球,并主宰了早期宇宙的能量密度,宇宙进入了辐射阶段。1 秒钟时,已有等量的质子和中子;100 秒时,温

度降到了 10^9 开(即 10 亿开),中子与质子合成为氘核(氢的同位素,是放射性物质,半衰期为 11 分钟),然后氘核合成为氦核。按照大爆炸理论,目前宇宙中存在的大部分氦是那时形成的,总量大约为宇宙可见物质总量的 25% ～ 30%。

1 万年后,温度降到了 1 万开,开始了物质阶段,此时的宇宙由电子、质子和氦核的混合电离气体组成。温度大约到 3 000 开时,电子可以和质子复合成为中性的氢原子。继续冷却,物质与光子分离而组合成恒星和星系。

以上便是目前科学界广泛接受的宇宙大爆炸模型。

6.3.2　宇宙哥白尼原理

宇宙大爆炸模型很容易给人一种错觉:整个宇宙是由一个中心点"爆炸"所形成。特别是哈勃发现星系相对于我们银河系有系统地退行,好像我们就处于这个宇宙的中心。事实上并非如此,膨胀的宇宙并不像源于空间中某一点的一场爆炸。宇宙不存在任何固定的背景空间(广义相对论告诉我们,物质和空间是紧密相联的,不存在脱离物质的空间),宇宙包容了客观存在的全部!

设想空间有如一块弹性薄膜,而不是一块平整的桌面。在这个具有韧性的空间上,由于物质之存在与运动,造成了这块弹性膜的凹陷与弯曲。我们的宇宙空间,有如某个四维球上的三维表面,很难直观描述。为了方便起见,可以设想我们的宇宙空间不是三维的而是二维的,此时我们就可用三维球的表面来描述这个"假想的二维宇宙空间"。现在再设想这个三维球可以变大,就像一个可膨胀的气球,如图 6.6 所示。气球表面代表"我们生活的空间",其上各点表示各星系。随着气球的膨胀,气球上各点都相互远离。此时,无论你停留在哪个点(星系)上,都会发现其他各点(星系)离你退行而去,虽然你在感觉上似乎处于其他各点的中心处,而事实上你所停留的点与球面上其他各点的地位没有任何不同。同理,我们生活的银河系只不过是"四维球的三维球面"这个均匀宇宙介质中的普通一员,并不具有任何特殊地位,这一概念被称为宇宙哥白尼原理。

由此例反过来,我们由球面上各点一致的地位,可以推出:在这个气球的表面不存在膨胀的中心,也不存在任何边缘。如果有人担心什么时候会掉出宇宙的边缘,那是因为他的头脑里还是认为宇宙空间是平直的缘故。在过去,当有人断言大地的面积是有限的,也许我们会立即产生"大地的边缘在哪里"

"边缘的外边是什么"这样一些疑问。然而现在我们知道:我们生活的地球表面积是有限的,但根本没有边缘,也就谈不上边缘外边是什么了。其原因就在于地球表面是一个封闭的球面。按照大爆炸模型和宇宙哥白尼原理,我们生活的宇宙是一个封闭四维球的三维球面,虽然体积有限,但不存在边缘,宇宙不是膨胀到任何东西里面去,它就是存在的一切。可以说,宇宙"至大无边却有限"。

图 6.6　二维宇宙的膨胀模型

那么宇宙在快速地膨胀,是否预示着地球也在膨胀,甚至我们人也在膨胀(人们的身高和体重似乎一代比一代高大)呢?答案是否定的。因为在大尺度上看,哈勃常数很大,如气球一样在膨胀,但在小尺度上,其膨胀的速度却非常缓慢,以至于气球上点的面积缓慢改变的程度已达到了难以察觉的地步。因为按照哈勃公式,$R_{地球} \times H_0 \times 1$ 年 $= 10^{-3}$ 米,也就是说,地球在一年内只膨胀了 1 毫米!再由 $1/H_0 = (0.98 \sim 1.96) \times 10^{10}$ 年可知,任何两个星系间的距离每年大约增大 10^{-10}(一百亿分之一)!在距离我们 137 亿光年的星系,它离开我们的退行速度接近光速,这表明离我们更远的恒星发出的光,永远到不了我们这里。这个距离因此也被称为视界半径。

6.3.3　大爆炸模型的观察证据

到此为止,大爆炸还仅仅是一个模型而已,要成为科学的理论还必须得到实验的多次可重复的检验,并能对未知现象作出预言,且得到证实。

1. 伽莫夫的预言

1948 年,一位移居美国的俄国人乔治·伽莫夫(G. Gamov)与他的两位年轻的研究生拉尔夫·阿尔弗(R. Alpher)和罗伯特·赫尔曼(R. Herman),第一次将已知的物理规律应用于宇宙早期阶段的状况。他们预言:如果宇宙起始于遥远过去的某种既热且密的状态,则在宇宙年龄仅为几分钟时,它热得足以使每一个地方都产生核反应(大爆炸),其散落的残余辐射由于宇宙的膨胀而冷却,至今它所具有的温度约为绝对温度 5K 左右(即 − 268℃),即存在宇宙的背景辐射。此宇宙背景辐射应该是各向同性的,均匀的。

这就是他们从大爆炸理论得出的预言,但当时没有引起人们的重视。

2. 宇宙背景辐射的发现

1965 年,彭齐亚斯(A. Penzias)和威尔逊(R. Wilson)十分意外地发现了这种宇宙背景辐射。当时他们正在跟踪一颗 Echo 号星,来校准一台很灵敏的无线电天线,但他们发现始终存在着一种无法解释的噪声。普林斯顿大学的迪克(R. Dicke)了解到此情况后,立即认为这正是他们在寻找的源自于大爆炸的残余辐射,它相当于在电磁波谱中的微波部分——波长为 7.35 厘米的某种无线电波信号,它对应于 2.7 开的热辐射。彭齐亚斯和威尔逊因此而获得了 1978 年的诺贝尔物理学奖。而事实上,原苏联无线电物理学家薛马诺夫(Shmaonov)早在 1957 年就发现了这种辐射,但因为其论文是以俄文发表的,所以直到 1983 年,人们才注意到这一事实。

1989 年,美国国家宇航局(NASA)发射了宇宙背景探测(Cosmic-background explorer, COBE)卫星,对整个背景辐射谱进行了测量,观测结果(见图 6.7)与温度为 2.73 开的纯热辐射作出的理论预言极其吻合。因此,大爆炸理论预言得到了实验观测的有力支持,这使它成为被广泛接受的理论之一。

3. 原初核合成问题

宇宙年龄为 1 秒时,宇宙的温度高达 10^{10} 开,这时尚不能有原子核的存在,因为此时的热运动足以使原子核瓦解,因此,这时介质的主要组分是正负电子、正反中微子、光子及少量的质子和中子。3 分钟以后,温度已降到 10^9 开,能使氘核光分裂的高能光子已非常少。而一旦氘开始合成(质子＋中子＝

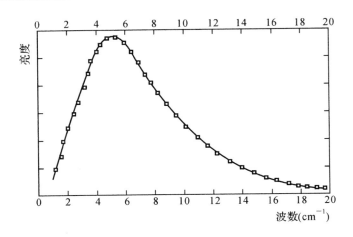

图 6.7   COBE 卫星测得的宇宙背景辐射

氚核 + 2.2 兆电子伏),后续的连锁反应就将很快地生成原子量为 3 和 4 的核,如氚(2n + p),³He(2p + n),⁴He(2n + 2p)等,但由于自然界中不存在原子量为 5 的稳定核,到此连锁反应链便中断了,所以原初核合成阶段最主要的产物是⁴He,其次是 D 和³He,其数密度比⁴He 低 4 个数量级,还有少量的⁷Li,其数密度比⁴He 低 8 个数量级。半小时后,温度降到了 10^8 开,这时热能已不足以引起热核反应。于是,原初核合成阶段结束,已形成的原子核留了下来。

根据以上理论计算这些原初核的丰度(即各种核的相对比例),进而与实际测量比较,理论值与实测值很好地符合,从而证实了大爆炸理论。

大爆炸理论由于得到大量宇宙学和天文学观测的强有力证据的支持,已成为科学界普遍接受的理论。

6.4   宇宙的命运

现代宇宙学认为,我们这个由 1 250 亿个星系,每个星系由数千亿个恒星组成的浩瀚宇宙起源于大约 137 亿年前的一次大爆炸,从那时以来直至今天,整个宇宙仍处于不断地膨胀之中,那么它今后的命运如何? 是永远膨胀下去,还是膨胀到一定时候再收缩? 或者是有其他的命运?

6.4.1　宇宙整体的命运

如果我们朝空中扔出一个石块,那么由于地球引力的作用,它上升的速度将逐渐减小,最后落回地面。我们扔得越使劲,也就是石块脱手时的初始速度越大,这个石块上升得就越高。当我们以 11.2 千米/秒的速度发射一枚火箭,那么它就可以彻底摆脱地球引力的束缚。该速度就是地球的"逃逸速度",每一个星球都有其对应的逃逸速度,质量越大,半径越小,逃逸速度越大。写成公式为

$$v_{逸} = \sqrt{\frac{2GM}{R}} \tag{6.2}$$

月球的逃逸速度为 2.4 千米/秒,即在月球表面发射火箭要容易些。

类似的考虑适用于任何受引力拖曳而迟滞减速的爆发或膨胀着的物质系统。如果向外运动的能量超过向内的由引力拖曳产生的能量,那么它就将超过其逃逸速度而一直保持膨胀。但是,如果引力对该系统所施加的拖曳作用超过了向外运动的力量,那么膨胀中的物体最终将会重新汇聚到一起。

将上述设想应用于整个宇宙,那么膨胀着的宇宙的命运可如图 6.8 所示。有三种可能的趋势:第一种是永远膨胀下去,第二种是膨胀到一定时候逐渐收缩,第三种是介于前两种之间的临界状态。到底会出现哪一种情况,决定于两方面的因素:一方面是宇宙的初始膨胀速度,另一方面是宇宙物质的平均密度。

1998 年以前人们一般认为宇宙膨胀的速度将逐渐下降,然而 1998 年两个科研小组在观察远距离超新星以便确定宇宙膨胀减慢的变化过程中,却发现了相反的结果,即膨胀正在加速。近年已有越来越多的证据支持这样的结论。例如通过宇宙微波背景各向异性的探测,四个观察小组各自独立地发现了在宇宙的大尺度结构中存在着一种引力排斥的物质,它使宇宙物质过密区的引力收缩速度减慢。这种引力排斥的物质被称为暗能量,其总质量占整个宇宙质量的 73%,从而抵消了宇宙中可见物质(占宇宙总质量 4%)和暗物质(它与原子和光的相互作用很弱,以致难以观察,但有引力效应,占宇宙总质量 23%)引起的宇宙膨胀速度减慢效应,总效果是膨胀加速,即第一种情形。但可以肯定的是,宇宙正以极其接近于临界状态的方式膨胀着。这种情形是很

难理解的,因为如果不是精确地以临界"发射"速度开始的话,那么随着宇宙的膨胀和演化,它就会离开该临界状态越来越远。我们的宇宙已经膨胀了约137亿年,却依然如此接近临界状态,以至于我们无法区分它究竟处于"分水岭"的哪一边,宇宙的"发射"速度仿佛是经过严格的选择,与临界速度(逃逸速度)的差异不超过 10^{-36},这实在是不可思议。

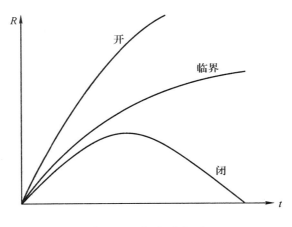

图 6.8　宇宙的命运

那么,我们是如何知道我们的宇宙正接近于临界状态的呢? 如果宇宙开始膨胀时的速度远大于临界速度,那么引力就永远无法将局部物质吸引到一起而形成星系和恒星,从而也就不会产生生命,更谈不上人类的出现了。类似的,如果宇宙以比临界速度慢得多的速度开始膨胀,那么宇宙膨胀了较短的时间后就开始收缩,就没有足够的时间产生、演化生命。也就是说,如果宇宙不是以恰到好处的临界速度开始膨胀,那么这个宇宙就不适于生命的产生与演化。

6.4.2　恒星的产生与命运

根据宇宙的大爆炸理论,宇宙"爆炸"10万年后,温度下降到了3 000开左右,物质与光子分离形成了由中性原子构成的宇宙尘埃。开始时,物质的分布几乎是完全均匀的,但总存在着某些微小的涨落,使得某些尘埃相对靠近些。由于万有引力的作用,这些尘埃对其周围的尘埃有相对大一些的吸引力,形成更密集的尘埃。以此类推,尘埃像滚雪球一样越滚越大,形成了气体状态的星云团。在星云团块的某些局部,一方面由于引力系统的不稳定性,它在凝聚;另一方面该局部由于密度的增大而升温。当密度增大到一定程度,尘埃内部因升温而发出红光。于是,一颗"星"就这样诞生了,但是它还不能称为恒星,因为它还不能辐射足够的能量来支撑自己。这颗星将继续收缩,当温度达到1 000万开以上时,氢开始通过热核反应而燃烧成为氦核,并放出大量的热能,以抗衡引力的收缩作用而稳定下来,此时它就变成了一颗恒星。

在太阳这样的恒星中心,温度高达1 500万开,压强则为地球表面大气压的3 000亿倍。在这样的条件下,不仅原子失去了所有的电子而只剩下原子核,而且原子核的运动速度也是非常之高,以至于能够克服原子核间的库仑排斥力而结合起来产生核聚变。四个质子聚合成为氦核,氦核的质量比四个质子的质量轻约0.7%,根据爱因斯坦的质能关系,这些质量亏损可以转化为巨大的能量。像太阳这样的恒星每秒钟约有6亿吨氢变成氦,其所有的氢都转变为氦约需100亿年,现在太阳已近中年,已燃烧了约50亿年!

人们预测:大约50亿年以后,当太阳核心的氢燃烧光时,它的膨胀会使距它6 000万公里的水星化为蒸汽,金星的大气也将被吹光,地球上的海洋将沸腾。然后太阳还会继续膨胀,并把地球吞没……。

恒星的生命历程极为规则。天空中几乎所有星星(除太阳系内的行星和卫星外),无论是用肉眼还是用望远镜看到的,都是与太阳类似的恒星。在我们的银河系中存在着数千亿颗恒星,它们的核心正熊熊燃烧着氢。一旦燃料用光,引力与辐射压之间的平衡被打破,引力占了上风,有着氦核和氢外壳的恒星就会在自身引力的作用下而收缩,密度、压强和温度就将随之升高,于是恒星外层尚未动用过的氢开始燃烧,外壳开始膨胀(核心区在收缩)。在1亿度的高温下,恒星核心区的氦原子核聚变而成为碳原子核,碳原子核又捕获别的氦核而成为氧核,……,这些新反应的速度比缓慢的氢聚变快得多。它们像闪电一样的快速,恒星在这个过程中不断地调整自己的结构。大约经过100万年,核能量的流出稳定下来,在此后的几亿年内,恒星又得到暂时的平衡。但是调整的结果是恒星极大地膨胀了,体积将增大10亿倍,在这个过程中,恒星的颜色会变红,因为其外层与高温的核心区相距很远,温度较低。此时的恒星称为红巨星。

红巨星远不是恒星一生的终结,其最终命运完全由其质量的大小所决定,质量越大的恒星演化得越快,像太阳或比太阳小的恒星成为红巨星后,其碳、氧核不再发生热核反应。此时,外壳产生的引力不足以使其核心受到充分的压缩,但是核心周围仍然活跃:氢层和氦层先后燃烧,它们一点一点地消耗掉恒星的储备,一步一步地延伸到外壳。这时其结构不再稳定,而是像气球一样一胀一缩,出现脉动并喷出气体。最后它的外层全部脱落,只剩下一个裸露的碳、氧核,其萎缩的残骸就成为白矮星。不到太阳质量8倍的恒星最终都将成为1.4倍太阳质量以下的白矮星。白矮星直径只有几千公里,但它的密度非常高,比地球上已知密度最高的金属(例如金或铂)还要高数万倍。由于高密度,温度升得很高,这使其表面呈白热化状态,白矮星便因此而得名。

由于没有热核反应来提供新的能量,白矮星在发出辐射的同时,逐渐冷却。经过数十亿年的冷却,它从白矮星变为棕矮星,最后变成黑矮星。

8倍太阳质量以上的恒星变成红巨星后,由于内核质量超过1.4倍太阳质量,在巨大引力的压缩下,其温度可升到6亿度以上;碳、氧核还能继续核反应,聚合成氖和镁,使温度升得更高,于是更重更贵的元素被制造出来,且反应越来越快,但最后都朝着一个元素——铁汇集。此时的恒星称为红超巨星。若铁继续核反应,不但不会放出能量,还要吸收能量。

虽然铁核的温度在10亿度以上,但没有能量流出,所以不足以使红超巨星维持引力平衡,于是铁核会被挤压得更紧密,密度可达10^6千克/厘米^3。随着电子简并的核突然塌陷,星体剧烈收缩,温度在0.1秒内猛升到50亿度,其涌出的光子能量将铁原子核炸开,蜕变成氦原子核,并吸收巨大的能量。这使内核更进一步地收缩,温度继续上升,直到氦核也变成质子、中子和电子。由于高温使电子和质子结合成中子,并迸发出巨大的中微子流,因而出现所谓中子化过程。恒星内核的密度可达10^{11}千克/厘米^3,其非中子化外层以大约4万公里/秒的速度落到中子化核心的表面并出现反弹,把外壳炸碎,留下称为中子星的内核。这整个过程称为超新星爆发,世界上最早的超新星爆发的记录是由中国人作出的,它们是2 000多年前记录下来的。快速旋转的中子星会产生射电脉冲,也叫脉冲星。

至此我们已经知道,8倍太阳质量以下的恒星的最终归宿是白矮星,再到黑矮星;8~25倍太阳质量的恒星最终将成为中子星和脉冲星;而更大质量的恒星将产生更为神奇的星体——黑洞。

6.4.3　神奇的星体——黑洞

每个星体都有其逃逸速度,它与半径、质量有关(见(6.2)式)。假如有一颗恒星由于自身引力的作用而坍缩,使其半径为 $R = 2GM/c^2$,那么代入(6.2)式,得其逃逸速度为光速。而根据相对论,任何物体的运动速度都不能超过真空中的光速 c,也就是说,若恒星收缩到半径比上述 R(也叫施瓦兹半径)还小,那么任何物质(包括光)都不能脱离该星体,称这类星体为黑洞。图6.9 显示一个球对称的恒星引力坍缩的四个阶段。其中,图(b)表示坍缩后,表面引力增强,根据广义相对论,此时时空发生弯曲,光线偏离直线;图(c)表示星体进一步收缩,光的"逃逸锥"也在缩小;图(d)表示逃逸锥关闭,黑洞形成。由于在半径为 R 的球面内没有任何物质(包括光)可以离开,所以这个球面是不可见区域的边界,也叫视界。物质和光能够进入视界,但不能出来,这就是"黑洞"名称的由来。

一个 10 倍太阳质量的黑洞的视界半径为 30 公里,假设一个宇航员驾驶着宇宙飞船飞向该黑洞。在宇航员看来,他用有限的时间就能进入黑洞;然而在一个远离黑洞的观察者看来,根据爱因斯坦的广义相对论,引力大的地方时钟走得慢,所以,他发现宇宙飞船驶向黑洞的速度越来越慢,宇航员的动作也越来越慢,到视界处时间仿佛凝固了。也就是说,我们永远不会看到宇航员进入黑洞,而已进入黑洞的宇航员也永远不可能回来,因为任何物体都不能逃离黑洞,更何况进入黑洞的宇航员必死无疑,因为他要受到黑洞产生的潮汐力的作用(若头朝向黑洞,则头上受到的引力比脚上大,身体会被撕裂),因此视界内外是没有信息可交流的。我们对黑洞的描述只有质量、角动量和电荷,而没有其他参数,这就是所谓的黑洞"无毛定理"。物质进入黑洞后,其各种信息(种类、结构等)均要丢失掉。那么,我们生活的宇宙内到底有没有黑洞存在呢?目前初步认为银河系中心就有一个巨大的黑洞,如图 6.10 所示。虽然黑洞不发出任何信息,但人们可以通过对其周围恒星的观察计算出它的存在。

根据广义相对论,宇宙中还可能存在一种"反黑洞",也叫白洞,顾名思义即物质只出不进。黑洞与白洞可通过如图 6.11 所示的虫洞相连,但目前还没有观察到任何"白洞"的存在。

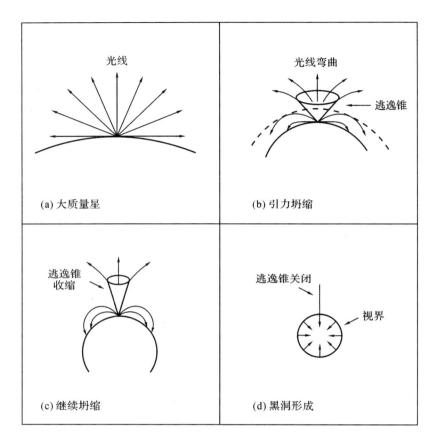

图 6.9 光囚闭

6.4.4 人类的命运

前面我们已知对于整个宇宙来说存在着三种可能的命运,一种是永远膨胀下去;另一种是膨胀到一定程度后,逐渐收缩;再一种是临界状态。但不管是哪一种命运,我们的宇宙最终都将不适合生命的存在,更不适合人类的生存。因为无论宇宙是无限地膨胀下去,或是临界状态,宇宙内的恒星都将最终成为黑矮星、中子星或黑洞,整个宇宙的温度将趋于绝对零度,宇宙内将没有供给生命的能量而最终导致生命的消亡。若宇宙膨胀到一定程度后收缩,宇

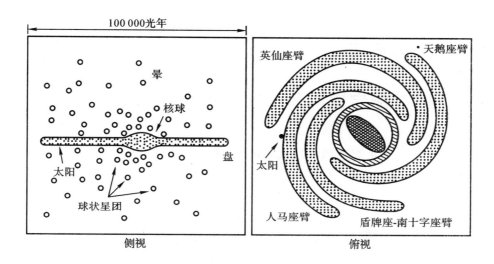

图 6.10　银河系的结构

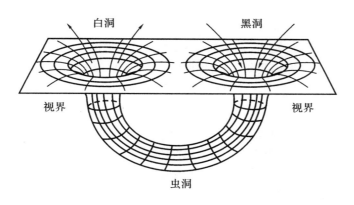

图 6.11　时空虫洞

宙的密度就会越来越高,其温度也将越来越高,最终整个宇宙成为一个巨大的黑洞,它同样不适合生命的存在。因此可以说,宇宙的三种可能命运最后都将导致人类的消亡。

人类的最终命运似乎非常悲哀,但我们也不必太过失望,根据目前宇宙学的预测,整个宇宙适合生命生存的时间大约可持续 2 000 亿年以上,与人类在地球上产生至今的几百万年相比,可说是相当漫长。人类的发展既然要持续

2 000 亿年，那么人类应该在太阳成为红巨星并毁灭地球之前，同心协力，共同保护我们赖以生活的家园，并努力发展科学技术，建造出诺亚方舟——能将人类移民外星球的运输工具。

6.5　21世纪宇宙学面临的问题

宇宙学在 20 世纪取得了巨大的进展，其中不仅包括对宇宙现状的一些定性的说明和解释，还有一些定量的预言被观察事实所验证。20 世纪提出的宇宙大爆炸模型，由于其在各方面的成功预言，已成为科学界广泛接受的科学理论，但是关于宇宙学仍存在许多问题有待于 21 世纪去解决。例如宇宙中的暗物质问题、正反物质的不对称问题、宇宙常数问题等等，下面略作介绍。

6.5.1　暗物质问题

宇宙若平均密度太高，则它必定在膨胀较短的时间后就开始收缩；若密度太低则将迅速膨胀。显然，两者都不利于生命的产生，这似乎意味着，只有宇宙密度刚好处于临界值附近，才有利于诞生生命。但当我们对宇宙中的发光物质进行实测时，发现其平均密度远低于宇宙临界的密度。这是为什么呢？经实测，人们在宇宙中发现了总质量大大超过发光物质的不发光物质，也称暗物质。那么这些暗物质是由什么构成的呢？其存在又有何依据呢？

在星云周边，随便哪个星或者气体云，都各以某一速度转动——使得离心力与引力相抗衡。因此，若能测出星体或气体的运动速度及运动半径，我们就能推算出此半径内所包含的物质总量。以星系 NGC3192 为例，其发光的区域范围约为 15 千秒差距，但到距离中心 30 千秒差距处，星的速度还在增加，这表明，除了看得见的物质外，还有看不见的物质存在。看不见的暗物质不发出可见光、红外光或电磁波，但具有万有引力。测量表明，所有星系中的绝大多数物质都是暗物质和暗能量，可见物质在整个宇宙中只占 4%。

暗物质又分为重子暗物质（如 MACHO、黑矮星、中子星、黑洞）和非重子暗物质（指宇宙早期或在宇宙演化过程中遗留下来的弱作用粒子如中微子，弱作用重粒子如 WIMP 等）。近年来发现，原以为没有静止质量的中微子极有可能存在微小的静止质量，中国与意大利的合作小组也发现了 WIMP 存在的迹象,但这些还有待实验的进一步确证。

6.5.2 正反物质的不对称问题

根据宇宙大爆炸理论,在宇宙的起始阶段,粒子和反粒子是等量的,然而如今的宇宙只有粒子构成的正物质,找不到由反粒子构成的反物质,这是为什么呢? 是我们还没有找到,还是宇宙中的反物质已经消失? 为了寻找宇宙中的反物质,国际上成立了以美籍华人丁肇中为首的国际合作组。核心部件由中国制造的反物质和暗物质太空探测器——阿尔法磁谱仪,于1998年6月搭乘美国"发现号"航天飞机进行了十天的太空飞行试验,获得了包括反质子数据在内的大量有意义的科学数据,但太空中是否存在反物质尚无定论。改进后的阿尔法磁谱仪被放置在国际空间站,进行更长期的科学实验。若能找到反物质,利用物质与反物质能全部转化为能量的特性,将可产生巨大的能量(1克反物质与1克正物质反应释放出的能量相当于数公斤的核聚变物质放出的能量)。但即使能找到反物质,其量也必定不能同正物质相比,否则宇宙将时时处于激烈的爆炸之中。那么为什么反物质比正物质少呢? 目前有两种解释。一种认为:宇宙开始时,正、反粒子确实几乎相等,但由于涨落导致存在某种微小的差别,后来大部分正、反粒子碰到一起转化为能量,只留下稍多一些的某类粒子的多余部分,并构成现今的宇宙,我们现称其为正物质(正、反物质本身是相对而言的)。另一种解释是日本科学家提出的,日本和美国分别在茨城县筑波和加利福尼亚建成了正负电子对撞机,以期通过正负电子对撞来产生大量的B介子和反B介子。日本小组自1999年5月开始实验以来,得到了700万对正、反B介子,通过观测其衰变,他们发现了至少98次衰变事件。数据分析表明,反B介子衰变的时间要比B介子短,即在相同的时间内,有更多的反B介子衰变掉了。由此一些科学家认为,宇宙间正反物质的不对称是由于反粒子消亡得更快些,以至现今的宇宙正物质更多些。但因为反粒子种类很多,所以大部分科学家认为,仅以正反B介子的实验为例来说明正、反粒子的不对称,尚不足以为凭,还需要进行大量的实验检验。

6.5.3 微观世界与宇宙的统一

宇宙学除了前面提到的问题以外,事实上还存在许多未解之谜。例如宇宙常数问题。1917年,爱因斯坦将广义相对论应用于宇宙学时发现,除非在其广义相对论场方程中加入额外的一项宇宙学常数项,否则广义相对论不能描述静态的宇宙,即宇宙要么膨胀,要么收缩。由于爱因斯坦坚信宇宙是静态的,从而首先引入了宇宙学常数。宇宙学常数大于零,对应于宇宙学模型中存在着的一种排斥作用,这种排斥作用与普通物质间的引力相平衡,使得爱因斯坦能够成功地构造出一个大尺度上静态的宇宙学模型。随着哈勃于1929年发现宇宙处于膨胀之中后,宇宙学常数的引入似乎被认为是画蛇添足之举。1931年,爱因斯坦发表文章放弃了宇宙学常数,并认为宇宙学常数项的引入是其一生中最大的失误。其后,宇宙学常数在零与非零之间飘忽不定,但随着暗能量的发现,宇宙学常数问题再次成为宇宙学的重大前沿问题。宇宙学常数的本质是什么?或者说暗能量的本质是什么?从爱因斯坦的广义相对论场方程可以看出,即使宇宙中物质都不存在,由于宇宙学常数项仍然起作用,那么宇宙学常数项似乎应对应于真空产生的效应。而要理解真空效应就需要量子理论。然而在四维时空中考虑真空的量子效应所得结果与实际的宇宙学观测相差巨大(约为10^{124}倍),因此预示着宇宙可能是高维的。暗能量可以存在于四维以外的高维空间,但它们能够对存在于四维时空中的可见物质产生影响(这好比是人们生活在地球的二维球面上,存在于球壳内部的物质或球外的物质仍然可以对球面上的物质产生影响)。目前流行的观点(或者超弦理论的观点)是:宇宙是10维的,只是其他6维我们不能看到而已。

另外又如类星体问题。类星体放出的能量是太阳放出能量的10^{15}倍,它如此巨大的能量来自何方?从20世纪70年代中期开始,宇宙学的研究逐渐依赖于粒子物理的发展,反过来,粒子物理学家要在地球上的实验室内进行高能物理实验也变得越来越困难,因此粒子物理学家期待利用宇宙早期高温高密度的状态及天体中自然存在的高能粒子源为粒子物理学提供天然的实验条件。微观领域和宇观领域竟然如此不可思议地统一到了一起!

物理学家们一直梦想着将自然界中的四种基本相互作用:强相互作用、弱相互作用、电磁相互作用、引力相互作用纳入某种单一的统一理论之中。我们知道,各种不同的相互作用力的作用强度是极不一样的,它们分别对各种不同类别的粒子起作用。那么,它们又如何能统一在一起呢?答案是,自然力的相互作用强度随粒子能量(或环境温度)的变化而变化。理论上预期:在极高能下(超过10^{15}吉电子伏),即相当于10^{28}开的温度以上的情况,四种基本相互作用有可能统一在一起。但这样的高温只有在宇宙开始的前10^{-35}秒才有可能实现。如图6.12,宇宙创生10万年时,温度达3 000开,随着时间反推回去,温度越来越高,各种相互作用逐渐统一,如在创生 10^{-11} 秒时温度高达 10^{15} 开,弱电相互统一。因此,粒子物理的大统一理论可以促进宇宙学的发展,反过来,宇宙学的观察结果也可用于检验粒子物理学理论。

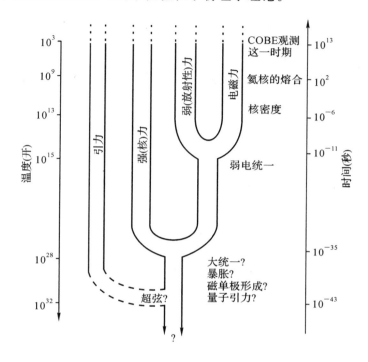

图 6.12 宇观与微观的统一

参考文献

1 俞允强.广义相对论引论.北京:北京大学出版社,1997 年

2 赵凯华,罗蔚茵.新概念物理学(热学,298~310).北京:高等教育出版社,1998 年

3 约翰·巴罗.卞毓麟译.宇宙的起源.上海:上海科学技术出版社,1997 年

4 约翰·卢米涅.卢炬甫译.黑洞.长沙:湖南科学技术出版社,1997 年

5 米尔顿·穆尼茨.徐式谷等译.理解宇宙——宇宙哲学与科学.北京:中国对外翻译出版公司,1997 年

6 保尔·戴维斯.傅承启译.宇宙的最后三分钟.上海:上海科学技术出版社,1995 年

7 李政道.物理学的挑战.科学.vol. 52(2000),no.3, 3

8　蒋世仰.21世纪天文学的重要问题.科学.vol. 52(2000),no.2,7

9　罗先汉.宇宙观念的发展:古近代宇宙观.科学.vol. 51(1999),no.5,56

10　罗先汉.宇宙观念的发展:现代宇宙观.科学.vol. 51(1999),no.6,39

11　冯端.对物理学历史的透视.科学.vol. 51(1999),no.6,3

12　王绶官,邹振隆.现代科学中的天文世界.大学物理.北京:高等教育出版社,171～184

13　戴长江.宇宙中的暗物质.现代物理知识.第11卷第3期,14

14　史蒂芬·霍金.许明贤、吴忠超译.时间简史.长沙:湖南科学技术出版社,1998年

15　D. Dolgov,Cosmolog at the Turn of centuries,hep-ph/0306200.

第 7 章　简单性与复杂性的奇遇
——非线性物理简介

在物质结构这一章里,我们曾指出浩瀚的宇宙仅由三类基本粒子(轻子、夸克和规范粒子)构成,他们之间的相互作用只有四种基本形式(引力、电磁力、弱力和强力),然而我们的宇宙千变万化,丰富多彩。那么,如此复杂的世界是如何从简单的基本粒子和基本相互作用演化而来的呢? 当人类对基本粒子的性质、基本的物理规律完全掌握后,是否有可能对我们所生活的世界作各种长期的精确预测呢? 世界的演化,人们的命运可预言吗?

人们能精确地预言哈雷彗星每 76 年回归地球一次。人们梦想对天气也作同样的预报,几十年来人们已找到了描述大气运动的数万个方程,并可利用越来越强大的计算机,但长期的天气预报进展甚微,这是为什么?

1997 年浙江省橘子大丰收,量多价低,以至政府号召广大市民多购"爱心橘";然而 1998 年橘子却量少价升。这种水果产量的大年小年现象事实上相当普遍,这又是为什么?

以上问题都与非线性有关,本章将对非线性物理的三个重要领域——混沌、分形、孤立子等作简单的介绍。其中,着重介绍混沌现象的主要特征、产生根源及其应用,以便读者了解世界复杂性的来源,并回答上述问题。

7.1　非线性系统及其普遍性

我们知道,所谓线性系统是指输出与输入成正比的系统。例如一种产品的价格固定,那么销售收入与产品的销售数量成正比,以销售收入与销售数量为纵坐标和横坐标,可以得到一条直线如图 7.1 所示,其中直线的斜率代表产品的价格。

所谓非线性系统是指除线性系统以外的所有系统,即输出与输入不成正比的系统。显然,它比线性系统更普遍、更广泛。以上述产品销售为例。一个

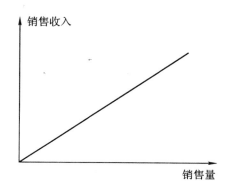

图 7.1　销售额与销售量间的线性关系

企业的产品价格在短期内可能是一个固定值,但长期来说不可能不变,它会随着市场供求关系的变化而变化,也就是说在一段时间内是线性的,但总体而言又是非线性的,如图 7.2 所示。

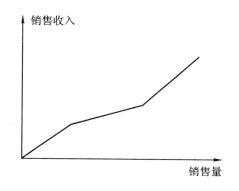

图 7.2　销售额与销售量间的非线性关系

　　非线性与线性之间存在着本质的差别:对于线性系统,输入有小的变化必定引起输出小的变化,大的输出变化对应于大的输入变化。而非线性系统则不然,小的输入变化可能引起大的输出变化,大的输入变化倒不一定引起大的输出变化。例如某人作长途旅行:先乘公共汽车到火车站,然后乘高速火车到机场,最后乘飞机到达目的地。假设公共汽车每 20 分钟一班,火车每 2 小时一班,飞机每天一班。整个系统显然是非线性的,此人乘 8:00 的汽车,8:40 到达火车站,赶上 9:00 的列车;11:00 到达机场,赶上 12:30 的国际航班。若此人由于某种原因迟到了几分钟或公共汽车太拥挤而没有乘上,那么他只好乘 8:20 的汽车,9:00 到达火车站;只能乘 11 时的火车,到达机场已是 13:00,当天的航班已经飞走。也就是说,由于非线性效应,几分钟的初始误差被逐渐放大,最后到达目的地相差一天——小的输入变化引起大的输出变化。

另一个日常生活中的例子是外语学习。学过外语的人都有体会,刚开始学习,进步神速,一段时间后觉得进步减慢,但坚持一段时间后会感觉到一种飞跃,如此往复,最后进步又逐渐减慢。画出示意图如图 7.3 所示。假设有两人天赋一样,且勤奋程度一样,一位学习了 10 年外语,另一位学习了 11 年外语,二人的外语水平不一定有明显的差别。

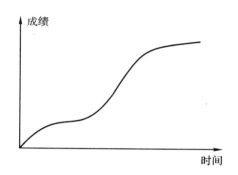

图 7.3　学习成绩与学习时间的关系

非线性现象尽管非常广泛、普遍,但并不像线性现象那样具有简单的规律性,而是千变万化,异常复杂。在 20 世纪 60 年代以前,科学界对于求解此类问题可以说是心有余而力不足,因此对于复杂的非线性系统往往尽可能用线性系统来近似,或者在线性的基础上加上小的非线性微扰来处理,但这样就有可能丢掉某些本质的东西。直到 20 世纪 60 年代以后情况才有了变化,特别是在非线性的几个特殊领域取得了突破性进展。其中一类是所谓的非线性可积系统,人们在六七十年代找到了严格求解的方法;另一类是所谓的混沌现象,人们发现了许多普遍性的规律,引起了整个科学界的重视。下面我们以具体的例子作简单的介绍。

7.2 混沌的本质

混沌是决定论系统所表现出来的随机行为的总称,它的根源在于非线性的相互作用。

所谓"决定论系统"是描述该系统的数学模型不包含任何随机因素的完全确定的系统。例如,地球在太阳的引力作用下围绕太阳转,动力学方程是完全确定的;而随机运动的典型实例是植物学家布朗(R. Brown)1827 年在显微镜下看到的液体中花粉颗粒的无规则运动——布朗运动。类似的,将一滴墨水滴入一桶水中,墨水分子在水中的扩散运动也是随机运动。

自然界中最常见的运动状态,往往既不是完全确定的,也不是完全随机的,而是介于二者之间。对于这类运动,很长时间内都没有适当的描述方法。混沌现象的理论为更好地理解自然提供了一个新的框架。现以一个简单却行为丰富的虫口模型为例,对混沌现象的特征、根源等进行介绍。

7.2.1 虫口模型

马尔萨斯(T. R. Malthas)在其《论人口原理》一书中,根据 19 世纪欧洲、美洲一些地区的人口发展状况,得出了人口增长的如下结论:在不加控制的条件下,人口每 25 年增长一倍,即按几何级数增长。我们若将 25 年作为一代,当代的人口为 Y_0,那么下一代 $Y_1 = 2Y_0$,再下一代 $Y_2 = 2Y_1$,……,写成一般的数学公式,就是

$$Y_{n+1} = 2Y_n \tag{7.1}$$

即两代人口之间成正比关系。这个公式在短时期内也许基本正确,但长期则显然有问题。如目前世界人口约 60 亿,按(7.1)式,25 年后为 120 亿,50 年后为 240 亿,100 年后为 960 亿,200 年后为 15 360 亿,……,这显然是不可能的!因为地球空间和各种资源有限,人口不可能无限膨胀,也就是说,这样的线性人口模型不能很好地反映人口变化的规律。为了讨论的方便,我们对上述线性模型稍作修改,以描述某些昆虫数目变化的虫口模型。

设昆虫的繁殖率为 A,这一代的虫口数为 Y_n,则下一代虫口的繁殖量为

AY_n,当虫口数量太多时,一方面由于争夺有限的食物和生存空间要发生咬斗;另一方面由于接触传染而导致疾病蔓延。显然,两者都会导致虫口数目的减少,为简单计,只考虑两两咬斗或接触传染,而不考虑三个以上同时咬斗的情况,则咬斗组合数为 $Y_n(Y_n-1)/2$。设每一咬斗或接触传染导致死亡的几率为 B,那么显然下一代虫口数为:

$$Y_{n+1} = AY_n - BY_n(Y_n-1)/2 = (A+B/2)Y_n - B/2 Y_n^2 \quad (7.2)$$

选取合适的虫口数作为单位(即令 $\mu = A+B/2$,$Y_n = 2\mu/BX_n$),上式可改写为

$$X_{n+1} = \mu X_n (1-X_n) \qquad\qquad (7.3)$$

上式对应的最大虫口数为 1,即以最大虫口数作为数量单位,则 $0 \leqslant X_n \leqslant 1$,而参量 μ 通常在 0 到 4 之间取值。

(7.3)式虽然来自于虫口模型,看起来非常简单,却可展现出丰富多彩的动力学行为,它同时考虑了激励和抑制两方面的因素,反映了"过犹不及"的效应,具有普遍的意义和应用价值,而并不局限于描述虫口变化。

7.2.2　倍周期分岔

为了使读者对混沌有较深入的理解,我们对看起来简单的虫口模型再作一些较为详细的介绍。

以 X_{n+1} 为纵坐标、X_n 为横坐标,对(7.3)式作图得图 7.4。不同的曲线对应于不同的 μ 取值,从下到上 μ 逐渐增大。显然,μ 越大非线性效应越厉害。μ 给定,已知 X_0,由(7.3)式利用计算器或如图 7.5 所示的作图法得出 $X_1,X_2,X_3,,\cdots$,也就是说各代的昆虫数完全确定,不存在任何随机因素,因此系统是决定论的。显然,当 $\mu \leqslant 1$ 时,由于 $1-X_n < 1$,所以 $X_{n+1} < X_n$,逐次迭代后 $X_\infty \rightarrow 0$,即繁殖率太低的昆虫最后总是趋于绝种。

那么当 μ 增大以后,情形如何呢?若取 $\mu = 2$,$X_0 = 0.02$,则可得 $X_1 = 0.039\,2$,$X_2 = 0.075\,3$,$X_3 = 0.139\,3$,$X_4 = 0.239\,8$,$\cdots$,$X_8 = 0.500\,0$,$X_9 = 0.500\,0$,$\cdots$

从 X_8 开始,得到的都是 0.500 0。也就是说,在这样的一个参量条件下,虫口最终达到了不随时间变化的固定值。我们可以很容易地发现:当 μ 不变

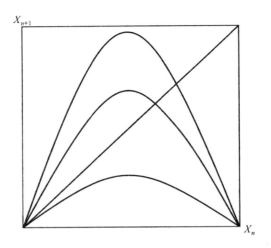

图 7.4　非线性虫口模型

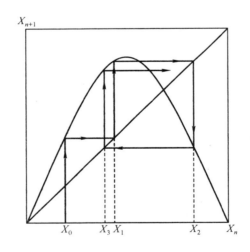

图 7.5　虫口模型的图解迭代法

(图中画出非线性函数 $f(x)$ 的曲线和对角线 $y=x$，在横轴上取初值 X_0，垂直向上至与 $f(x)$ 的交点，就是 X_1，此点水平地交于对角线，则可得下一次迭代自变量 X_1)

时，X_0 不管取任何值，最后的固定值(也称不动点)都是不变的。例如以 $\mu=2$，$X_0=0.2$ 代入，同样得到固定点 $X_\infty=0.5000$。假设在此"1"表示 100 万个昆虫,那么初始时,不管是放入 2 万个昆虫,还是扩大 10 倍——放入 20 万个昆虫,最后经过几代的繁殖演化,总是达到稳定的 50 万个昆虫,即最终状态对初始值的变化不敏感。有兴趣的读者利用作图法,可以发现所有的初始值都被"吸引"到不动点,因此不动点也称"吸引子"。当 μ 变化,则不动点也跟着变化,当 μ 增大到某些值时,可以发现新的现象。例如取 $\mu = 3.2$,不管初始值为多少,经过多次迭代,最后 X_∞ 都在 0.513 0 和 0.799 5 之间交替变化,即两代为一周期,所以也叫周期 2 轨道,它同样是一个"吸引子",不同的初始值逐渐趋近于它。这种状态很好理解:今年的昆虫数较多,由于空间和资源有限,相互咬斗和疾病传染等导致死亡的可能性增大,昆虫数就减少;下一年资源和空间相对来说较富余,就会导致下一年的昆虫数量的增加。农产品的大年小年状况就类似于这种情况,例如今年橘子丰产,那么橘树上的养分和土地肥力就被吸收较多,而会引起下一年养分和肥力的下降,导致下一年橘子产量的减少,由此又引起养分和肥力的富余,进而引起再下一年产量的提高。

利用计算器可以得到不同的参量 μ 值和不同的初始值的各种轨道(读者可以编写一个如本章最后所附那样简单的 MATLAB 程序①insectpopulation2.m 来实现)。可以发现,当 μ 继续增大到一定值时,会出现四周期现象,即四代为一周期,例如 $\mu = 3.5$,会发现,最后 X_∞ 在 0.875 0,0.3828,0.826 9,0.500 9 四个数据间振荡。虽然也出现大年小年,但每四代为一周期。进一步地可设想并验证 μ 继续增大会出现 8 周期、16 周期、32 周期等等直到无穷周期的情况,这就是所谓的倍周期现象。出现无穷周期,也就是说无周期,此时系统就进入了混沌状态。

前面只对有限参量值作了计算,为了纵观全局,我们以纵轴表示 X_n,横轴代表 μ,从小到大选取数百个参量值,对于每个参量都从同一个初始值开始,去掉200 个过渡值,把 201 到 500 的迭代值都画到图上,就可得到如图 7.6 所示的虫口模型的分岔图。要画这样的图,计算非常简单,可用计算器完成。但计算量非常大,要计算几十万个数据,而且都是重复性的计算,这样的工作让 PC 机来做正合适。我们可用附录 7.1 简单的 MATLAB 程序 insectpopulation.m 来实现。

$\mu \leqslant 2.9$ 在图 7.6 中并未画出,因为其 X_n 最后总趋于不动点。对于不动

---

①   MATLAB 的含义是矩阵实验室(Matrix Laboratory),是一套高性能的数值计算和可视化数学软件。其编程运算与人进行科学计算的思路和表达方式完全一致,所以也被称为演算纸式科学算法语言。利用附带的 help 功能可以做到即学即会。

点,300个数全落在同一点上,而对于周期2,则落在上下两点上。在图中 X_n 方向连成一片的混沌区里,可以看到很多周期窗口,其中最明显的是周期3窗口。

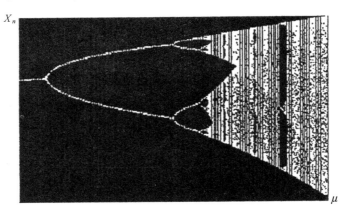

图7.6 虫口模型的分岔图

7.2.3 混沌的基本性质

对于混沌状态,稍作研究即可以发现系统对初始状态极其敏感。例如 $\mu = 3.9$ 时, $X_0 = 0.400\ 0$,经过16次迭代后得 $X_{16} = 0.244\ 3$;对另一个与原初始值相差 $1/4\ 000$ 的状态 $X_0 = 0.400\ 1$,经过 16 次迭代却得到了 $X_{16} = 0.901\ 6$。也就是说,两个相差极微小的初始状态经过一定时间的演化后,结果可相差数倍。由于任何的测量总会存在某些误差,而微小的误差经过一定时间的演化会逐渐放大,最后引起的误差与测量值同数量级。显然,此时的预测就失去了意义。

1963 年,美国气象学家洛伦兹(E. N. Lovenz)在总结大气运动的规律时,得到了现称为洛伦兹方程组的关于温度、气压、湿度等的微分方程,他将初始的温度、气压、湿度等量代入,很精确地预言了 2~3 天后的天气状况。然而这个非线性方程的解对初始状态的变化极其敏感,而人们对当天的温度、气压、湿度等的测量又不可能没有误差,而非常微小的误差,经过 10 天、半个月的演化,误差会放大到与测量值相同的量级,因此对长时间而言,天气预报已失去"预报"的意义。洛伦兹形象地用"蝴蝶效应"来描述之。比如说,今天杭州的气压由于一个蝴蝶翅膀的扇动,引起了局部区域的细微变化;虽然描述大气运动的非线性方程非常严格,但由于气压初始值小小的扰动,经过 10 天、半个月的演化后,会导致另一大城市(比方说北京)出现一场大风暴。这就是所谓的"蝴蝶效应"。它说明系统对初始状态极其敏感。由于我们在大气测量中不可能考虑到所有微小因素的扰动,因此当大气动力学系统处于混沌状态时,我们对天气作长期的精确预报在本质上是不可能的(即使建立的大气动力学方程非常精确,时间演化的计算过程非常精确)。

　　对初始值细微变化的敏感依赖性是混沌现象的基本特征之一。为了定义和刻画混沌,荷兰数学家茹厄(D. Ruelle)和塔肯斯(F. Takens)引入了"奇怪吸引子"的概念,所谓奇怪吸引子不同于前面提及的不动点和周期解那样的平庸吸引子。

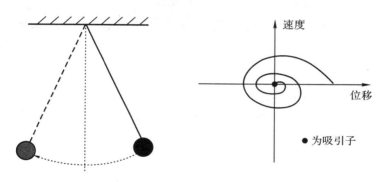

图 7.7　单摆及其吸引子

　　如图 7.7 所示,一个实际的单摆因受空气阻力的影响,不管从哪一个初始位置开始摆动,最终必定静止于摆的垂线位置,也就是说被吸引到速度为零、角位移为零的状态。对于混沌吸引子,或者说奇异吸引子,如图 7.8 所示,两个靠得很近的状态经过一定时间的演变,会逐渐分离,其运动轨道对初始值的细微变化极其敏感。虽然初始值失之毫厘,各个状态因为只能限制在吸引子范围内而不一定能差之千里,但结果却变得面目全非,以致不能根据当前的运动状态来精确地预言未来或追溯过去。那么是否意味着当系统呈混沌状态时,人们对系统就无能为力,一无所知了呢?或者说系统进入了完全无序的状态了呢?答案是否定的。从图 7.6 中可知,当非线性的参量达到一定值后,状态出现了貌似无规则的混沌现象。但仔细观察,可以发现,在分岔图中存在着极其复杂的结构,各种状态存在着一定的出现几率,而且不同的非线性系统之间

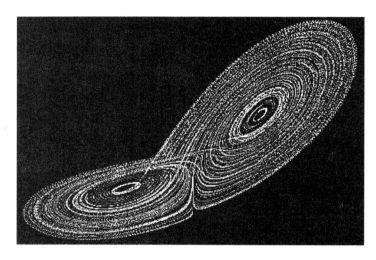

图 7.8　混沌吸引子

存在着某些普适性的规律,即无序中存在着有序。例如美国物理学家费根鲍姆(M.F.Feigenbaum)在 1980 年发现上述分岔图中的分岔点满足关系

$$\mu_n = \mu_\infty - \frac{A}{\delta^n} \tag{7.4}$$

式中 μ_n 表示第 n 次分岔对应的参量 μ 值;A 与具体的模型有关;常数 δ 是普适的,与具体的模型无关,现称为费根鲍姆数,

$$\delta = 4.669\ 201\ 609\ 1\cdots \tag{7.5}$$

普适性是极其重要的,因为不论在一维映射还是更复杂的微分方程中,只要看到倍周期分岔现象,它们都有同样的规律(7.4),具有同样的 δ 值(7.5),因此必须利用普适的理论来解释。正是普适性的研究,加深了人们对混沌现象的认识(因此有人曾认为费根鲍姆会得诺贝尔奖)。

　　产生混沌的根源是非线性,但必须注意,并不是所有的非线性系统一定能产生混沌现象。事实上,即使是上述能产生混沌现象的非线性虫口模型,也只是在参量大于 $\mu_\infty = 3.569\ 9$ 以后才出现混沌,有些非线性系统不但不会出现混沌现象,甚至可用特殊的方法严格求解,例如后面要讲到的非线性可积系统。那么是否出现随机行为的系统就一定是混沌呢? 也不是的,如前面所说的花粉颗粒在液体中的随机运动——布朗运动,并不是混沌运动,因为该系统是在随机力作用下产生的随机运动,只有决定论的非线性系统在一定参量条件下表现的随机行为,才称为混沌。

7.2.4　混沌的应用

由于非线性现象存在于科学、工程技术、社会科学等各个领域,非线性系统在一定条件下均有可能产生混沌现象,因此混沌理论的研究有着广泛的应用前景。美国物理学家 J.Ford 曾认为:混沌是 20 世纪物理学的第三次革命,混沌与相对论、量子力学一样,也冲破了牛顿力学的教规。他说:相对论消除了关于绝对空间和时间的幻象;量子力学则消除了关于可控测量过程的牛顿式的梦;而混沌则消除了拉普拉斯关于决定论式可预测性的幻想。

虽然混沌理论的研究到目前为止还没达到相对论、量子论那样的成功,但由于其广泛性,已有许多具体的应用,下面介绍几个实例。

首先是理解自然。例如自然界存在着大量的流体湍流现象,理解其发生机制,始终是研究混沌的重要动力之一。目前研究较为透彻的是容器中流体产生的湍流现象。例如两个同轴圆柱面之间的流体,当内圆柱高速转动,转速达到一定值时,就会引起流体进入湍流状态。湍流的发展过程与非线性系统走向混沌的过程完全相似。当出现混沌状态,由于两个靠得很近的点会逐渐分离,因而可作为混合溶液的理想搅拌器。

混沌理论在生命科学中的应用特别重要。人们通过生理实验、数学模型的研究,已经发现各种心律不齐、房室传导阻滞等均与混沌运动有联系。癫痫患者发病时的脑电波呈现明显的周期性,而正常人的脑电波呈现显著的混沌状态。混沌现象的研究将有助于人们认识脑的动力学性质和结构。

混沌的应用实在太广泛,不能一一列举。例如人们利用混沌可实现保密通讯;解释经济领域的股票、期货的价格波动;探索近年影响全球天气变化的南太平洋海温的非周期振荡,即所谓的厄尔尼诺(El Nino)现象;与神经网络相结合创造出所谓的混沌神经网络等等。

前面提到,混沌动力学的发展排除了对天气作长期精确预报的可能性,其实人们对短期预报和长期预报的要求是不同的。对于短期预报,我们关心的是细节问题,如这个星期的温度变化,是否下雨等;对于长期预报,人们更关注的是各种平均量的发展趋势,例如今后 10 年、20 年各地的年降水量为多少。至于明年的今天温度是几度,是否下雨,人们并不会特别关注。因此,根据混沌动力学,人们可以作短期的精确预报,长期的概率预报,从而满足人们对各方面的不同需求。

在自然科学中有决定论和概率论两套描述体系,然而自然界是统一的整体。对混沌现象的研究,将帮助我们从决定论和概率论的人为对立中解放出来,以一种更接近实际的角度认识世界。

7.3　自然界的几何——分形

伽利略曾说过,自然界的语言是数学,其书写的符号是三角形、圆和其他几何形状。然而我们看到的大自然并非如此,山峰、泥土、浮云、海岸线、闪电等等都很难用规则的几何形状来描述,美国数学家 B. Mandelbrot 为此创造了一个词 Fractal——分形来描述这类不规则形体。分形是指:

局部与整体具有相似性,或者说在标度变换下具有相似性的几何形体。

例如,中国的海岸线在中国地图上看是弯弯曲曲的,其局部,例如浙江的海岸线,从放大后的浙江地图上看也是弯弯曲曲的,两者间具有相似性,于是我们可以说:海岸线是分形的。

7.3.1　分形维数

分形特征一般用"分形维数"来刻画。我们知道,线段的拓扑维数为 1,面的拓扑维数为 2,体的拓扑维数为 3。一根线段的长度是一定的,即它与你用什么尺来度量是无关的(只是精确度有所差异)。例如,一米长的线段用米尺量只有一段,即 1 米;用厘米尺量有 100 段,总长仍为 1 米。然而对于海岸线这样的分形体,情况却大不相同。例如,用 1 公里长的尺来量中国的海岸线,有近 2 万公里,此时一些小的海湾被忽略了;若用一米长的尺去量,一些小海湾就不能忽略,甚至一些大的礁石也不能忽略,此时总的海岸线就会长些;当用厘米尺去量时,礁石上的凹凸不平也将考虑进去,因此总长会大大增加。也就是说,海岸线的长度是随着所用标尺的缩短而增长的,因此其几何特性必定不同于一般的线段。

对于长为 L 的线段,用长度为 a 的尺去量,将有 N 尺:

$$N = \frac{L}{a} \tag{7.6}$$

考虑边长为 L 的正方形,用边长为 a 的小正方形去覆盖,则需 N 块:

$$N = (\frac{L}{a}) \times (\frac{L}{a}) = (\frac{L}{a})^2 \tag{7.7}$$

对于 D 维的几何体,一般有:

$$N = (\frac{L}{a})^D \tag{7.8}$$

例如边长为 L 的立方体,可装 $N = (\frac{L}{a})^3$ 个边长为 a 的小立方体。因此,我们可以定义维数 D 如下

$$D = \frac{\ln N}{\ln(L/a)} \tag{7.9}$$

下面我们考虑一些典型的分形体:

(1)Koch 曲线。如图 7.9 所示,首先从一单位线段开始,截去中间的 1/3 部分,而代之以两个 1/3 长的相交 60°角的线段(此时总长度为 4/3)。然后再对每一个 1/3 长的线段重复上述过程,直到无穷。

显然,Koch 曲线的总长度为无穷长,它的任意局部都与整体相似,是分形体。

用 1/3 尺量,它有 4 段,用 1/9 尺量,它有 16 段,因此其维数为

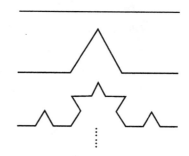

图 7.9   Koch 曲线

$$D = \ln4/\ln3 = \ln16/\ln9 \approx 1.26 \tag{7.10}$$

处于 1 和 2 之间。

(2)Sierpinski 地毯。如图 7.10,从一单位正方形中间挖去 1/3 边长的小正方形;在留下的 8 个小正方形的中间,再挖去 1/9 边长的小正方形,……,这样无限地挖下去,得到一个面积为零但其周长为无穷大的分形体,其维数为

$$D = \ln8/\ln3 = 1.89 \tag{7.11}$$

（3）对于像海岸线这样的具有统计自相似的分形体,不能用上述方法求其分形维数。一般,用所谓的合子计数法,即用不同孔径 a 的网格去覆盖地图,计算含有海岸线段的网格数 N,再作关于 $\ln(N)$ 和 $\ln(a)$ 的图来确定其分形维数。显然,海岸线的分形维数大于1,小于2。

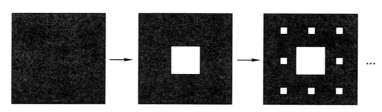

图 7.10   Sierpinski 地毯

7.3.2   来自简单规律的复杂系统

分形体在自然界中非常普遍,例如细菌群落的生长、植物的生长、视网膜上血管的分布等,它们往往有复杂的图象和结构。那么它们是否有规律可循呢?答案是肯定的。上一节中,我们用非常简单的规律产生了极其复杂的虫口模型的分岔图。这个分岔图含有明显的分形结构。事实上,各种混沌对应的奇异吸引子都具有明显的分形结构,也就是说,我们可以通过非常简单的非线性过程得到非常复杂的图象或结构。或者说,通过非线性,世界可以从简单走向复杂,正所谓"一粒沙中见世界"。

现在人们已经能够利用计算机模拟出各种复杂的分形图象,如细菌群落的生长、各种固体团簇的分形生长、星系的形成等等。由此可知,纷繁复杂的世界是有可能用简单的规则来描述的,从而促进对自然的理解,产生各种应用。例如通过分形研究来模拟传染病的传播,改进传染病的防治手段。再如利用 Sierpinski 海绵具有有限体积无限表面积的特性,可研制出高容量的储能电池和具有强吸附性的过滤器件和设备等,它们在能源、环保领域均有广阔的应用前景。

7.4   特殊的非线性系统——可积系统

非线性现象非常广泛、普遍、复杂,因而没有一种统一的方法能够对其进

图 7.11　水波波包

行描述。但有一类特殊的非线性系统,可用一种叫反散射的方法严格求解,进而得到一种被称为孤立波的解。所谓孤立波,实际上早在 19 世纪中期就被英国科学家罗素发现。他在苏格兰运河上观察到:当一艘船在运河上前进时,在船头会形成凸起的波包,船突然停下时,这个波包还会以原来的形状和速度继续前进,如图 7.11 所示。罗素沿运河骑马跟踪了这个水波,发现它前进了数公里后,在运河的拐弯处才逐渐消失。罗素在爱丁堡皇家学会年会上报告了该观察结果,但没有引起人们的重视和确认。直到 19 世纪末,D. J. Korteweg和 de Vries 从流体力学出发,建立起了称为 KdV 方程的浅水波运动方程,并解得了孤立波解后,孤立波才得到了科学界的肯定和重视。这种在传播过程中保持形状和速度不变,并且两列波非线性相互作用后能相互贯穿,但互不破坏,就像粒子间的弹性碰撞一样,碰后各自保持原来的形状和速度不变的波被称为孤立波,有时也叫孤立子。

目前,人们在各种领域都发现了具有这种孤立子解的物理体系(称为非线性可积系统)。例如在核聚变的等离子中,在大脑的神经脉冲传播过程中,在非线性光学中,在超导隧道结中等等。而特别引人注目的应用是光孤子通讯。由于孤立子在传播过程中能保持形状和速度不变,也就是说不衰减,因此做成光孤子通讯,在传输过程中光信号不会衰减;又由于光孤子碰撞后会像粒子一样各自分开后互不改变,因此光孤子脉冲间隔可以做得比普通光纤中传输的脉冲更窄。目前国际上已能制作脉冲宽度在 10^{-15} 秒以内的光孤子脉冲,从而使在单位时间内传递的信号约为普通光纤通讯的 10 万倍,即一根这样的光孤子非线性通讯光缆相当于 10 万根传统的线性通讯光缆。

7.5　混沌因果律

在 4.9 节中,我们已经提到演绎是重要的科学思维方式之一。演绎是建立在逻辑推理的基础上的,然而逻辑推理需要满足因果关系,因此对因果规律的深刻理解将有助于掌握科学研究的方法。事实上,因果律是与系统的确定性相联系的。

例如,牛顿理论中系统是确定论的,只要知道物体的初始条件,利用牛顿定律和数学演绎,便可精确预言之后任何时刻该物体的运动状态;如果需要,预言精确度可无限提高。若以位置和动量来描述该物体的状态空间,简称相空间(Phase Space,因为要确定物体的状态不仅需要知道其位置,还需要知道其动量)。由于牛顿理论中,位置和动量可以被同时精确测定的,所以相空间的一个点代表一个状态。其因果律是确定的因果律:所有结果都是由明确的原因引起的;其因果一一对应,因果关系不可倒置!

量子力学中,位置和动量不能被同时确定,但两者之一可以被精确测定。即虽然确定性下降,但状态还是基本确定的(或者说是"半确定"的)。在相空间中,一个状态不能用一个点,但可以用有限的小体积来表示,对应的因果律是量子力学的统计因果律!即单颗微观粒子的"单次"运动不服从传统的因果律,但对单颗粒子多次运动的统计平均,或对大量粒子的"单次"运动的统计平均符合因果律!

相对论中,若不考虑量子效应,状态是完全确定的,所以其因果律还是确定论的因果律。因果还是一一对应的;时间可以变慢,甚至可以无限地变慢,但不能回到过去。即时间不能为负,是单向的。当考虑量子效应后,状态是"半确定"的。如量子场论、量子引力理论中,只能满足统计因果律。

由于混沌状态时,相空间中的吸引子具有分形结构,系统的状态在相空间中不能由一个点或者有限的小体积确定;系统就不遵从传统的因果律或者量子力学的统计因果律,而是混沌因果律。系统对初始状态极其敏感,几乎相同的初态将导致完全不同的终态,正所谓一因多果。反之,由于非线性,不同的初始状态,却存在相同的终态,即多因一果。系统处于混沌状态时,不确定性比经典系统和量子系统都要高,因果不再一一对应,但因果还是不能颠倒。

由于物理状态对初始条件的敏感依赖性,导致了混沌体系长期的精确预言成为不可能,状态不能由相空间的点或确定小体积来描述。但由于系统满足的规律是确定论的,因此人们还是能够对系统作出概率性的预言。

　　人文、社会科学领域中,系统往往是非常复杂的非线性系统;其因果规律也类似于混沌因果律,存在一因多果或者多因一果。例如一个企业的兴衰不仅与企业内部的决策、管理有关,也与整个社会的大环境有关,甚至与整个世界的经济趋势有关,可以说是多因一果。又例如一个人一时的错误,有时不仅影响自己的事业成功,从而可能影响其家庭的幸福,也可能对他人、对社会产生危害,正所谓一因多果。在本章中,我们已经阐述了简单的非线性系统可以产生复杂的结果,那么复杂的人文、社会科学系统是否有可能利用简单的非线性规律来描述呢? 也许我们应该思考:人文、社会科学中的复杂现象是否有可能利用自然科学的方法进行定量的研究,即做到"天"(自然科学)"人"(社会科学)合一呢?

附录 7.1　虫口模型分岔图的 MATLAB 程序

（insectpopulation.m）

```
1   % function insectPopulation();
2   % Draw a graph of insect-population model.
3   % Where the horizontal axis is μ and the vertical axis is Xn(in which n is
4   % large enough).
5
6   clear;
7   mStart = 2.9; % m stands for μ. mStart is its original value.
8   mEnd = 4; % mEnd is m's final value.
9   n = 1000; % the quantity of steps.
10  mD = (mEnd - mStart)/n; % The lengh of each step
11
12  x = 0.6; % The original value which has no effect on the result
13  j = 1; % Row subscript of x
14  x = zeros(n + 1,500); % A matrix storing the values of x
15
16  for m = mStart:mD:mEnd
17  % Skip the first 200 values of x to approach the standard district.
```

```
18    for i = 1:200
19    x = m * x * (1 - x);
20    end
21    % Caculate the elements of x.
22    for i = 1:500
23    x = m * x * (1 - x);
24    x(j,i) = x;
25    end
26    j = j + 1;
27    end
28
29    % Draw the graph.
30    m = mStart:mD:mEnd;
31    plot(m, x, 'k.');
32    title('Insect-population Model');
33    xlabel('μ');
34    ylabel('xn');
35    clear;
```

说明:

(1)程序中的序号1~35,并不是程序所需要的。带"%"语句是说明语句,是为了更容易使读者明白该语句的作用,即并非程序所必需的。

(2)安装了 MATLAB 程序(如 MATLAB6.5)以后,运行该程序,然后右击File栏目,点击New栏目中的 M - FILE,就可以逐行输入程序。保存并运行(Run)程序,就可得到图7.6,并可以利用放大和缩小按钮将图任意局部放大或者缩小,并可发现自相似性。

附录7.2 虫口模型倍周期现象的 MATLAB 程序

(insectpopulation2. m)

```
1    function insectPopulation2();
2    % Caculate xn for each M and x0 given in the insect-population model.
3
4    clear;
5    while 1
6    % Input μ and x0;
```

```
7    prompt = {'μ','x0'};
8    title = 'Input μ and x0.';
9    lineNo = 1;
10   while 1
11   inputPara = inputdlg(prompt,title,lineNo);
12   s = size(inputPara);
13   if all(s) ~ = 1 % If there is any element in s being zero...
14   m = NaN;
15   x0 = NaN;
16   else
17   m = str2num(inputPara{1});
18   x0 = str2num(inputPara{2});
19   end
20   if(m ~ = NaN) & (x0 ~ = NaN)
21   break;
22   end
23   h = questdlg('μ and x0 must be numbers.','Input error','Resume','Cancel','Resume');
24   if h = = 'Cancel'
25   clear;
26   return;
27   end
28   end
29   % If the 'Cancel' button of inputdlg was pressed...
30   if all(size(inputPara)) = 1
31   clear;
32   return;
33   end
34
35   % Display the parameters inputed.
36   disp('* * * * * * * * * * * * * * * * * * * * * * * *');
37   disp('insectPopulation2:');
38   disp(['μ = ',num2str(m),';','x0 = ',num2str(x0)]);
39   disp(' ');
40
41   % Caculate x(n) and display them.
42   x = x0;
```

```
43   for n = 1 : 100
44   x = m * x * (1 - x);
45   x(n) = x;
46   end
47   k = 1;
48   for j = 1 : 20
49   for i = 1 : 4
50   s = sprintf('x(%d) = %0.5g', k, x(k));
51   disp(s);
52   k = k + 1;
53   end
54   disp(' ');
55   end
56   disp('* * * * * * * * * * * * * * * * * * * * * * * *');
57
58   %  Ask if it is wanted to be continued.
59   reply = input('Do you want to continue? Y/N[Y]:', 's');
60   if isempty(reply)
61   reply = 'Y';
62   end
63   if (reply == 'N') | (reply == 'n')
64   disp(' ');
65   clear;
66   return;
67   end
68   disp(' ');
69   clear;
70   end
```

说明：

如附录 7.1 中的说明（1）那样，运行 MATLAB 程序。输入上述程序，并运行，则会跳出一个数据输入窗口。分别输入 μ 和 x0 后点击 ok 键，就可得到一些结果。根据提示操作，并输入另一组 μ 和 x0 后点击 ok 键，就可得到另一组结果。

（以上程序由邹捷同学编写）

参考文献

1 詹姆斯·格莱克.张淑誉译.混沌开创新科学.上海:上海译文出版社,1990 年

2　郝柏林.混沌现象.大学物理(当代物理前沿专题部分).北京:高等教育出版社,1996 年

3　利昂·格拉斯,迈克尔·麦基.从摆钟到混沌,生命的节律.上海:上海远东出版社,1995 年

4　黄念宁.孤子理论和微扰方法.上海:上海科技教育出版社,1996 年

5　刘式适,刘式达等.非线性大气动力学.北京:国防工业出版社,1996 年

6　杨展如.分形物理学.上海:上海科技教育出版社,1996 年

第8章　物理学在未来科技和社会中的作用

前面几章我们已对以相对论和量子论为基础的 20 世纪物理学作了概括性的介绍。从中可以了解到 100 年来,物理学在各个层面取得的巨大成功。20 世纪物理学的成功与 19 世纪经典物理学的成功出现了类似的情况,即给人的印象似乎是这次物理学大厦真的建好了。情况果真如此吗？有人说 21 世纪是生命科学的时代,是信息的时代,那么物理学还有用武之地吗？本章将对 21 世纪的物理学作一简略的展望,进而回答上述问题。

8.1　20 世纪物理学遗留的问题及其展望

20 世纪物理学取得了巨大成就,在某些领域,理论与实验的符合程度虽达到了惊人程度,如:电子的反常磁矩,1979 年的实验值为 $1.001\ 159\ 652\ 410(200)\,e\hbar/2m_ec$,而 1981 年的量子电动力学理论值为 $1.001\ 159\ 652\ 460(148)\,e\hbar/2m_ec$,但也并非完美无缺,还有许多困扰物理学家的难题有待解决,有些甚至是根本性的问题。

8.1.1　引力量子化与大统一理论

我们知道,牛顿力学克服了人类长期以来有关"天"和"地"的愚昧观念,首次实现了天地间规律的统一,牛顿因此成为人类历史上最伟大的科学家之一。19 世纪,麦克斯韦在理论上实现了电、磁、光的统一,预言了电磁波的存在,并为实验所证实。麦克斯韦因此成为 19 世纪最伟大的科学家之一。虽然牛顿理论和麦克斯韦电磁理论各自都非常成功,但在关于光相对于不同参照系的传播速度方面产生了矛盾。爱因斯坦更相信麦克斯韦,因为麦克斯韦电磁场理论具有更明显的对称性:洛仑兹不变性！爱因斯坦沿用洛仑兹不变性,建立起了相对论,协调了牛顿理论和麦克斯韦电磁理论间的不自洽,爱因斯坦因而成为 20 世纪乃至人类历史上最伟大的科学家之一。但现在又出现了 19 世纪末相似的情况:相对论和量子论各自都非常成功,而且将相对论应用于量子论而建立起来的量子电动力学、量子场论也同样非常成功,但当将量子论应用于由广义相对论描述的引力理论之中时,在引力的量子化问题上却碰到了巨大的困难——在这两个非常基础、关键的理论之间存在着一定的不自洽性。它既是 20 世纪物理学的危机,也是 21 世纪物理学的机遇。

统一描写强、弱、电三种相互作用的所谓标准模型虽然已经取得了辉煌的成果——到目前为止被确证的实验结果都与理论计算结果相符,但是标准模型包含了多达 61 个基本组分,其中物质粒子和反粒子 48 个,规范粒子 12 个,还有一个到目前还未找到的希格斯粒子(希格斯粒子的引入使得规范理论的对称性自发破缺,从而使规范粒子获得了质量)。难道如此众多的粒子都是基本的吗?而且该理论的人为参数也太多,如果中微子质量不为零,则至少有 22 个参数,即使中微子质量为零,理论上也还有 19 个参数。更何况理论上还没有建立起将四种基本相互作用统一在一起的理论。虽然引力的相互作用强度极弱,比弱作用还要弱几十个数量级,但它在构造物质世界方面起着极为重要的作用,在宇宙学中更是主要角色,因此没有包含引力的标准模型显然不能算是一个终极理论。

综上所述,我们有必要建立起一个更基本的能统一描述强、弱、电及引力四种基本相互作用的,不包含至少是很少包含人为参数的理论。目前科学界就有这样一个候选理论——超弦理论。

弦理论不同于传统的量子场论,它假定物质的基本结构不是点粒子而是弦——一条曲线。这样就可自然地避免产生无法重整化的发散。因为在传统的量子场论中,两个相互无限靠近的点粒子产生的引力会产生奇异的量子行为,当尺寸小于 10^{-35} 米时,粒子的引力半径 $R = 2GM/c^2$(见 6.2)式)与康普顿(Compton)半径相当。真空中充满了虚的黑洞,也就是说量子涨落效应可以导致相互靠得非常近的粒子变成黑洞,时空本身在此尺度下将开始塌陷——出现奇异性。而在弦理论中,两条闭弦碰撞在一起时,只有二者各自的无穷小的一部分相碰。如图 8.1(a)所示,表示两条分离的闭合弦随着时间的演化而逐渐靠近,以至形成一条新的闭合弦,然后又分开去。这样就在弦理论中避免了无法重整化的发散问题。

弦理论最早可追溯到 20 世纪 60 年代末期,当时为了描述不断发现的强

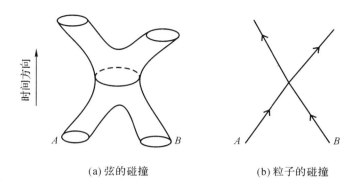

(a) 弦的碰撞　　　　　　　(b) 粒子的碰撞

图 8.1　弦和粒子各自间的碰撞

子而建立起了弦理论。大约在 1974 年,人们发展了量子色动力学,作为强子模型的弦理论不再引起人们的兴趣。然而到了 80 年代,为了寻找统一的理论,弦理论再次引起了人们的关注,并引入了超对称(即把满足泡利不相容原理的费米子变成玻色子,把玻色子变为费米子的变换下的对称性),建立起了所谓超弦理论,时空维数也从 26 维降到了 10 维——理论研究取得了突破性的进展。但使人困惑的是,为了追求统一、简洁而建立起来的 10 维超弦理论却有五种不同的框架,于是它再次被人们冷落。直到 1994 年塞伯格(N. Seiberg)、威腾(E. Witten)的一系列工作,才又一次引起理论物理学界和数学界对超弦理论的重视。现在人们发现,五种不同的超弦理论实际上是一个更大的理论的五个不同侧面而已,它们相互间可以通过对偶对称性(Duality)联系起来。现在世界各国都投入了较大的力量对超弦理论进行深入研究,以期建立起统一的、简洁的包罗万象的理论,我们相信,在 21 世纪,必定会出现类似于在 20 世纪量子论、相对论那样成功的理论。

8.1.2　超高能物理及宇宙起源

物质具有不同层次的结构,为了窥探深层次的物质结构,所需要的能量越来越高。例如要了解原子、分子的结构,人们只需要几个电子伏或更少能量的探测粒子;而要探测核子乃至夸克的结构,则需要 10^{11} 电子伏以上能量的探测粒子。因此,为了探索物质更深层次的结构,需要超高能量的加速器。现在美国费米实验室的加速器的能量已达到 2×10^{12} 电子伏;布鲁海文国家实验室已建成的相对论性重离子对撞机(RHIC),能把金的每个核子能量提高到 10^{11} 电子伏,整个金核的能量提高到 2×10^{13} 电子伏,以便使两个高能金核对撞,达到改变局部真空的目的;欧洲在建的大型强子对撞机(LHC)设计能量高达 1.4×10^{13} 电子伏,其重要任务之一就是寻找希格斯粒子 H。希格斯粒子的存在与否是最终检验标准模型的试金石,其质量估计大于 64 吉电子伏,小于510 吉电子伏,人们已经寻找了 20 多年,但一无所获。因此,加速器越来越大,建造费用也直线增长,达到了任何一个国家都难以单独承担的地步。例如美国原计划建造的超级超导对撞机(SSC),预算达 200 亿美元,但终因费用太高,被迫中途停止。除了希格斯粒子,粒子物理学还有许多根本性的问题需要解决,如真空的性质、失踪的对称性、夸克禁闭及基本相互作用的统一等等,所有这些无一不需要超高能物理的实验检验,更何况在实验过程中还会提出新的问题。因此,在 21 世纪,需要建造更高能量的加速器,并在设计思想上需要大的突破。一方面可以充分利用宇宙这个天然实验室,因为宇宙中存在着大量超高能的宇宙射线。另一方面,宇宙大爆炸起始时,温度高、对应的粒子能量也高,人们可以利用那时遗留下来的信号检验粒子物理理论,反过来高能物理实验和理论的发展也将促进宇宙学问题的解决。我国在宇宙线的研究方面具有得天独厚的天然资源,如云南高山站、西藏羊八井宇宙线观测站等海拔高,大气遮挡少,并有多年的研究基础和国际合作的经验,有理由相信,21 世纪我国在这一领域的研究将取得长足的进展。

8.1.3　复杂系统的研究

所谓复杂系统是相对于简单系统而言的。对于真正的多体问题,利用统计的方法,问题反而简化了,而对于一体、二体问题,往往可以严格求解,问题也可以简化;但对介于二者之间的少体问题,虽然从表面上看没有多体问题复杂,但既不能用统计的方法,又不能严格求解,所以问题反而复杂化了,如行星三体问题到目前还没有完全解决。类似的问题如介观物理、纳米技术等,它们介于微观和宏观之间,但其研究的起步和进程都不如微观和宏观问题。其原因在于它们都属于复杂系统,是介于有序与无序之间的系统。另一个重要的领域是非线性物理,虽然 20 世纪 60 年代以来,它已取得了很大进展,但由于问题的复杂性,不仅远远没有完全解决,而且不断有新问题出现。例如经济、金融物理学问题,即用物理的方法和模型来描述经济、金融问题,用沙堆模型描述企业的不断扩张而突然失控的现象等等。总之,复杂系统的研究在 21 世纪将会得到更大的发展。

8.1.4　极端条件下的物理现象

所谓极端条件是指偏离常规条件的特别条件。例如作为核聚变研究基础的高温、高密度等离子体物理的研究,超高压条件下的深海物理研究,失重条件、强辐射条件下(宇宙航行)的各种材料物理性能变化的研究,强电场、强磁场条件下凝聚态物理的研究,强关联、高温超导、超低温物理等等的研究,都将成为 21 世纪物理学研究的热点,因为它们与高科技紧密关联,具有非常直接的应用前景。

综上所述,21 世纪的物理学仍然将是一个充满生机的学科,新的物理学大厦正等待着有志青年去建造,一些根本性的物理学问题有待于我们去解决。

8.2　物理学在其他自然科学及高新技术中的应用

生命科学、信息科学等在 21 世纪无疑会得到飞速发展,因此将 21 世纪称为生命科学时代、信息时代并不为过。然而要揭示生命的奥秘,离不开量子力学这个基础和物理学的手段,信息的获取、处理和传输的现代化,离不开物理新概念、新技术的支持。

8.2.1　物理学与生命科学

生命科学与物理学的紧密关系是不言而喻的。大家知道,20 世纪生命科学最重大的发现之一——DNA 的双螺旋结构是英国剑桥大学的物理学家克里克(F. H. C. Crick)和沃森(J. Watson)发现的。医院里最先进的设备往往源于在物理学基本原理之上发展起来的技术,例如 20 世纪初期的 X 光机,利用超声波作探测的 B 超,从高能物理探测粒子径迹技术发展而来的 CT(计算机 X 射线断层扫描成像技术),从核磁共振原理发展而来的核磁共振扫描仪等等。

以最近利用正电子湮灭技术发展起来的正电子成象技术为例,它的原理是将一个正电子射入大脑,使其与大脑内的负电子湮灭,放出可被检测的光子,从而检测大脑功能的变化。再如原来对组织切片的检测要先脱水,然后利用电子显微镜观察。因为水对电子显微镜而言是不透明的,而生命组织的存活又离不开水(人体约 70% 是水分),因此检测结果往往存在很大误差。现在可以利用同步辐射(我国将耗资十几亿人民币在上海浦东建立一个同步辐射中心)产生的软 X 射线直接观察组织切片,因为水分子相对于软 X 射线而言是透明的,所以不仅提高了检测的效率,而且提高了精度。

作为生物技术的核心技术——基因工程,使人类能够按照需求对 DNA 进行人工"剪切"、"拼接"和"组合",然后把重组的 DNA 转入受体进行复制和传代,从而产生人类所需要的物质。这是一项将在 21 世纪得到快速发展的技术,但它同样离不开物理学。笔者曾于 80 年代末、90 年代初与生物学专家合作,利用物理的方法将两种不同的细胞融合成一种新的细胞:将草鱼的卵细胞与草鱼抗出血病因子融合,产生出具有天然抗出血病能力的卵细胞,以达到改良品种的目的。

要使生命科学成为精确可定量的科学,离不开量子物理学、非线性物理学等作为基础;反过来,生命科学的发展也必定会给物理学提出新的课题,例如神经脉冲信号的传递就是以孤立波形式传递的,因此物理学在 21 世纪的生命科学发展中将大有作为。

8.2.2　21 世纪的计算机

作为信息处理的关键技术——计算机技术的发展,更是离不开物理学。从 1946 年 2 月 15 日第一台电子计算机诞生以来,大约每隔 8～10 年计算速度就提高 10 倍,成本降低 10 倍,目前超级计算机的运算速度已达每秒百万亿次[①]。芯片的集成度也越来越高,平均每 18 个月增长一倍,线宽已可小于0.2 微米以下,接近集成电路的极限,若进一步提高集成度,减小器件的尺寸,那么量子尺寸效应就会显得非常突出。因此,为了满足 21 世纪对计算机的更高要

---

① 　至 2005 年 11 月止,世界上运算速度最快的计算机是美国的劳伦斯·利佛莫尔国家实验室的超级计算机 BlueGene/L(由 IBM 公司建造),其浮点运算速度为每秒 280.6 万亿次。但它的设计理念却得益于在诺贝尔物理学奖获得者李政道教授主持下,由美国哥伦比亚大学理论物理组年轻物理学家建造的用于量子色动力学计算的超级并行计算机 QCDSP 及其后他们与 IBM 公司合作研制的 QCDOC(由 20000 个 IBM 处理器组成,浮点运算速度为每秒 20 万亿次)。

求,必须研制概念全新的新一代计算机,其中一个可能发展的方向是考虑器件的量子效应或者完全建立在量子概念上的量子计算机。由于量子计算机的超快速度、耗能少、体积小等突出优点,已引起了世界各国的重视。如2000年8月美国IBM公司、斯坦福大学及卡加利大学的研究人员联合研制成功了以5个原子作处理器及记忆体的实验性量子计算机,并利用它成功地找出了密码学上的一个函数的周期。利用超导约瑟夫森结的超快开关速度的超导计算机目前也正在加紧研制。21世纪计算机的另一个重要发展方向,是利用光脉冲而不是用电流进行信息处理的光学计算机(或光子计算机)。光学计算机因是利用光信号进行处理的,所以具有并行处理信息的能力,速度更快;又由于光信号对电磁脉冲的抗干扰性比电信号强,可以抵抗电磁脉冲炸弹的影响,因此,光学计算机在未来战争中将发挥举足轻重的作用。未来计算机还有一种可能的发展方向,是利用非线性中的一些基本原理而设计的模拟人脑功能的神经网络计算机。总之,各种21世纪计算机的发展必将一如既往地依赖于物理学的发展,事实上,计算机各种"雏形"的研究也往往是在物理学实验室中进行的。

8.2.3　21世纪的通讯、能源与交通

作为信息技术的核心技术之一,通讯技术在20世纪也取得了令人瞩目的发展,从有线通讯到无线通讯、微波通讯和卫星通讯,再到光纤通讯,单位时间传输的信息量逐渐增大。近年来,国际互联网(Internet)和信息高速公路的迅猛发展,使其成为世界上最大的信息交流和资源利用系统。1998年,美国有网民7 600万人,根据中国互联网信息中心截至2004年底的统计,总网民达到9400万人,比1997年增长了128倍。随着国际互联网的迅速发展,人们对通讯技术的要求越来越高,特别是网络上图象、声音传输技术的发展,对更大容量的信息传输技术的要求更加迫切。从现在的理论和技术角度看,光孤子通讯技术最有希望成为21世纪的主要通讯技术。因为光孤子在由非线性介质制成的光纤中传输时,能保持形状和速度不变,不需要像传统的光纤通讯那样,为了抵消中途的衰减,每隔几十公里就需设置中继放大器,因而成本更低,速度更快。两个光孤子的脉冲在非线性光纤中相碰,会像两个粒子一样作弹性碰撞——碰后不改变各自的形状,因此脉冲与脉冲之间的间隔可以做得更窄,从而大大提高单位时间内传输的信息量。目前,实验上已经实现了两万公

里以上无中继站的光孤子通讯,脉冲间隔可小于飞秒(即 10^{-15} 秒),单位时间的信息传输量是传统光纤通讯的 10 万倍以上。

伴随着信息传输技术的全面数字化、小型化、自动化及网络化,信息的获取也要实现数字化与自动化,即需要将各种信息转化为电信号的技术——传感器技术。例如我们要收集温度信息,就需要根据温度的范围、探测对象,制成温度传感器。而根据某些热敏材料随着温度升高其电阻值增大的特性,可以将其制成热敏电阻温度传感器,把温度信号转换成电信号,以便进一步进行数字化、自动化处理等;再如可根据不同作物的红外特性的不同,利用卫星红外遥感技术收集一个地区农作物的产量信息,将其转换成电信号。因此,在各种信息获取技术的发展中,必须依赖物理学原理的应用。总之,虽然 21 世纪是信息时代,但信息科学的发展离不开物理学,物理学在其中仍将起关键的作用。

20 世纪的能源主要以石油、煤、天然气等不可再生资源的消耗为主。然而这些资源的储量有限,因此在 21 世纪,人们必须寻找新的能源。而最有希望的资源丰富的新能源将是原子核的聚变能。要实现可控核聚变,自然离不开物理学家的努力。同样,21 世纪的交通发展也离不开物理学,例如磁悬浮列车的开发和产业化。因此可以说,21 世纪高科技的发展中,物理学仍将大有作为。

8.3　物理学与国防现代化

科学技术的新发现往往首先应用于军事,反过来,很多高科技也在军事目标的推动下得到发展,如原子能、GPS 等技术都是如此。姜子牙《司马法》曰:国虽大,好战必亡,天下虽安,忘战必危。中华民族要屹立于世界民族之林,保持一定的军事实力是必要的,然而我们的国力有限,因此更有必要集中有限的财力和物力研究一些有威慑作用或者低成本高性能的军事设备。在国防现代化的过程中,物理学有着不可替代的作用,它是各种国防科学技术的基础。在我国二弹一星功勋科学家的名单中,物理学家占了大部分就是一个很好的说明。

21 世纪国防现代化的概念非常广泛,包括核子武器的小型化、纯聚变核武器的发展以及核武器的防护;高新技术武器的发展,如军用航天技术(含弹道导弹、军用卫星、导弹防御)、精确制导武器(雷达制导、红外制导、激光制导、巡航导弹)、隐身和反隐身对抗(雷达波隐身、红外隐身、声波隐身)等;新概念武器,如强激光武器、高功率微波武器、电磁炮、等离子体武器、粒子束武器、反物质武器等。以反导弹武器为例,美国发展了反导弹导弹、区域导弹防御系统和国家导弹防御系统,研制这些系统对像中国这样的发展中国家而言是太过昂贵了,若跟着发展,很可能整个国家的经济被拖垮。因此有必要发展不同概念的反导弹武器,例如俄罗斯正在研制的高功率微波武器,是向导弹将要经过的区域发射定向的高功率微波脉冲,以激发大气产生等离子体从而破坏敌方导弹的制导。显然,该技术的精度要求比反导弹导弹系统要低,因此容易实现。再如隐身和反隐身对抗。事实上,没有一种隐身装置是对所有的电磁波都隐身的,因为所谓隐身只是利用某些材料对特定电磁波的特殊吸收、反射性质设计而成的。如对雷达波有隐身作用的材料,就是利用该材料对雷达波有较强的吸收和较少的反射性质来实现的,但它对可见光就没有这些性质,这就是美国隐形飞机在科索沃战争中总是在夜间出动的原因。因此,要反隐身就必须先了解对方隐身的物理原理,这样才能制订出己方的反隐身策略。

由此可以看出,要发展我国的高新技术,实现国防的现代化,需要大量的物理学人才参与。随着知识经济或新经济时代的到来,经济的发展将更加依赖于科技的创新和管理的创新,社会必将更加需要那些了解、掌握科技原理的人才,而物理学是所有科学技术的基础,因此物理学人才在 21 世纪必定大有用武之地,物理学在 21 世纪将不再是长线专业,很可能成为紧缺专业。

参考文献

1 戴维斯.廖力,章人杰译.超弦.北京:中国对外翻译出版公司,1997 年

2 丁亦兵.统一之路.长沙:湖南科学技术出版社,1997 年

3 张礼.近代物理学进展.北京:清华大学出版社,1997 年

4 倪光炯.改变世界的物理学.上海:复旦大学出版社,1999 年

5 李政道.科学的未来在青年.科学.vol. 51(1999),no.4, 3

6 路甬祥.科学技术百年的回顾和展望.中国科协首届学术年会特邀报告汇编,1999

第 9 章　科学与人类文明

在本书的前面八章中,我们已对物理学,特别是 20 世纪物理学中的重大发现以及它对人类文明进程所产生的巨大作用作了简要的介绍。重温这段辉煌的历史,还有许多发人深思的问题值得我们作进一步的探讨。

9.1　重大的发现　重要的提示

20 世纪是物理学发展的鼎盛时期。以量子力学和相对论为基础的现代物理理论层出不穷,导致了一个又一个的高科技产业,其发展速度远远超过了以往的任何时期,如表 9.1 所示。读了这些物理学重大发现的介绍之后,我们当然要为它们的奥妙无穷和威力无比所惊叹!除此之外,从这些重大的发现中我们还可以得到哪些启示呢?

1.宇宙的奥秘是不可穷尽的

在 19 世纪末,有许多著名的物理学家曾经预言:物理学大厦已经建成!但他们的话音刚落,就被一个接着一个的重大发现所无情抨击。由表 9.1 可以看出:在 20 世纪,物理学各领域捷报频传,重大发现此起彼伏,从来没有停止过,而且似乎有"一浪高过一浪"之感。因此,那些认为"重要的现象都已被别人发现光了"、"剩下的只是那些做不了或不重要的事了"的担心是完全没有根据的,宇宙的深层次奥秘还远没有穷尽!尽管在 20 世纪物理学得到了飞速的发展,但从表 9.1 中我们丝毫看不出有任何"被发明光了"的趋势,看不出物理学宝库有任何"正在逐渐枯竭"的迹象。因此,宇宙的奥秘是不可穷尽的,此话的正确性起码具有相对的意义,在人类所看得见的未来岁月里,我们没有理由为此而担心。

或许还会有人担心:宇宙的奥秘是无穷的,但是那些比较容易发明的东西是否均已被别人发明光了?今后的发明是否会越来越困难?事实上,这种担心

207

也是没有根据的。从物理学研究的角度来看,1986年高温超导材料的突破丝毫不比早在20年代电子波动性的证明困难多少。我们也很难证明1957年完成的"BCS超导电性理论"要比1971年建立的"相变临界现象理论"容易多少(见表9.1)。无论从哪个角度来考察表9.1,均得不出"表中所列出的重大发现的难易程度有逐年增加之趋势"的结论。特别是在那些新开拓的领域或交叉学科中,如80年代和90年代新发现的介观和纳米物理等,其发现过程和理论解释并不比以前的重大发现困难多少。事实上,发明的难易程度取决于发明者思维方式的先进程度。在研究条件和研究手段日新月异的今天,巧妙而又突破常规的思维方式完全可能将"困难"化为"容易",将"不可能"变为"可能"。

表 9.1　20 世纪物理学的重大发现举例

年　　代	重 大 发 现
1900～1909	阴极射线研究,黑体辐射理论,无线电报,制取液氦,狭义相对论,测定电子电量,光电效应
1910～1919	晶体 X 射线衍射理论及实验,标识 X 射线,超导现象,广义相对论,威尔逊云室
1920～1929	量子物理学说,发现电子波动性,康普顿效应,喇曼效应,玻色-爱因斯坦凝聚理论
1930～1939	发现中子、正电子和宇宙射线,晶体电子衍射,发明加速器,产生人工放射性元素,核磁共振,介子理论,能带理论
1940～1949	半导体及晶体管,发现介子,核磁精密测量,氢光谱精细结构
1950～1959	弱相互作用下宇称不守恒,发现反质子,穆斯堡尔效应,气泡室,BCS 超导电性理论,全息照相
1960～1969	激光器,基本粒子分类及相互作用,超导体的隧道效应,约瑟夫森效应,宇宙微波背景辐射
1970～1979	发现 J/ψ 粒子和 τ 轻子,弱-电统一理论,非线性物理,相变临界现象理论,脉冲双星间接证明引力波存在
1980～1989	发现 W$^{\pm}$ 和 Z^0 粒子,量子霍耳效应,扫描隧道显微镜,高温超导材料,分数量子霍耳效应,激光冷却原子
1990～1999	介观理论及器件,发现 C$_{60}$ 及其家族,超弦理论重大进展,纳米物理,原子操作,巨磁阻效应,量子通讯

事实已经向我们证明：机遇随时在我们身边，突破也随时在我们的笔尖之下，划时代的伟大发明很可能就存在于我们眼前的微光一闪或存在于我们耳边的一丝杂音之中。我们所要考虑的应该是如何去抓住这种机遇，如何去实现这种突破，而不应去担心"是否均已被别人发明光了？"或者"科学是否已到达了它的终点？"

2．思想是第一位的

1986 年的高温超导材料研究的重大突破也许我们还记忆犹新。当时我国中科院物理研究所的一个研究小组几乎和美国以及日本的两个小组同时制备成功临界温度高于液氮温度的高温超导材料。但此时一般的新闻媒体只关心这件事的结果，而忽略了它的过程。事实上，就当时的实验室条件而言，中科院物理所的这个小组远不及美国和日本的那两个小组，但三个国家的科学家却几乎同时创造出了奇迹。更有启发性的是当这三个小组突破之后不久，国内许多科研条件更差的实验室在几乎没有增加设备的情况下，也立即重复出了这一奇迹。因此，如果有人还说"1986 年我国高温超导研究的突破是因为中科院物理所的科研条件优越"，那是无法令人信服的，因为那时世界上科研条件更好的实验室不计其数。在前面第 3.2 节中提到的激光器的发明过程，也从另一角度说明了同一问题。另外，在表 9.1 中，除了重大的理论突破之外（如相变临界现象理论，超弦理论，非线性物理，超导体隧道效应等），象 C_{60} 及其家族的发现、纳米团簇集体效应、巨磁阻效应等实验上的重大突破没有诞生在我们中国，与我国当时的实验条件的关系并不很大。

在其他领域，有关这一方面的事例也是举不胜举的。曹雪芹是在他的家族被抄家之后写出他的传世之作"红楼梦"的；贝多芬是在他耳聋之后完成他的"命运交响曲"的；华彦钧在他要饭的路上编出了世界名曲"二泉映月"；在那轰轰烈烈的 60 和 70 年代，我国有许多人才被埋没了，但也有一些人在这样的艰难条件下成功了，例如有人被下放到田野和山沟里，竟让树根、竹鞭、麦秆、石头变成了价值连城的艺术品；有人被关押在"牛棚"里，以阅读马列主义原版著作为理由，把德语和俄语学好了；还有人被囚禁在监狱里，作为罪犯，写成了世界上第一部《罪犯心理学》的巨著；……。他们的成功难道也是研究条件优越造成的？

这一个个感人的故事，使我们可以严谨地推理：在科学研究中，研究者的思想是第一位的，研究条件是第二位的。优越的研究环境为突破创造了条件，增加了可能性,但正确的思想能使我们在较差的条件下创造奇迹。无数事实证明:"条件优越"并不是"成功"的必要条件,更不是"成功"的充分条件。有些人是因为条件优越而成功,有些人则是因为条件恶劣才成功,还有人是因为条件优越而不能成功。"条件不好"也许正是你成就大业的"必要条件"。因此,条件好坏与成就大小之间有重要关系,但没有必然关系。

当然,我们讲"思想是第一位的"并不是说仪器设备或研究环境不重要。在可能的情况下,应该尽量争取良好的研究环境和各种优越条件,为突破创造可能性。但对绝大多数人来说,这毕竟是有限制的,他们的环境和条件是不会十分理想的。在这种情况下,一流的思维方式便成了决定的因素。

其实,在这一方面,中国的科技工作者已经有了许多闪亮之处。例如,在科研条件和工作效率还远不如发达国家的情况下,2001 年中国科技工作者在《自然》、《科学》等国际权威杂志上发表的论文数量排名上升到世界第 8 位,增长速率也很快。更可贵的是这些高水平论文的产出和投入的比值之高当属世界之最,这充分显示了中国科技工作者的实力和拼搏精神。完全应该相信:经过长期坚持不懈的努力,中国人定能解脱对 20 世纪物理学重大成果几乎无贡献(见表 9.1)的惭愧,为 21 世纪人类的科学事业作出应有的贡献。

3. 科学只记录"第一",科学只承认"首创"

"创新"是科学永恒的主题。我们无须把 1960 年发明的人类第一支红宝石激光器再重新发明一次;我们也无法将 20 世纪 20 年代创立的量子力学学说再创立一回。表 9.1 中的每项重大突破无一不是意外的惊奇,无一不是观念的更新。

当法国巴黎气势雄伟的埃菲尔铁塔建成以后,任何后来建造的铁塔,不管它的高度是"全国第一"还是"亚洲第三",均已没有任何建塔的科学意义;同样,当世界上第一座斜拉式吊桥建成以后,任何后来建造的斜拉桥,不管它的长度比第一座斜拉式吊桥长多少米,也均已没有任何建造此类桥梁的首创意义(当然它们可以具有重要的技术意义和巨大的实用价值)。因此,当我们使用像"东方金字塔"(指中国的西夏王陵)、"东方威尼斯"(指浙江绍兴)、"中国的阿尔卑斯山"(指四川的四姑娘山)、"中国的好望角"(指山东某沿海城市)、"中国的日内瓦"(指浙江杭州)、"当代的保尔·柯察金"(指强者张海迪)等词语时要格外小心,因为此类词语并没有"一流"之意,它们并不能使本来属于独一无二、世界第一的人或物"高攀",而很可能是将它(他)们大大贬值了。就像在把浙江大学称为"东方剑桥"与把剑桥大学称为"西方浙大"的两种说法中,浙江大学在国际上的地位是完全不一样的。从更深的层次来分析,上述现象是否与我们民族的自信心有关呢?

在古代,中华民族曾有过不少伟大的"第一"和"首创",它们构成了灿烂的东方文明。除了我们常说的"四大发明"之外,还有水稻种植、茶文化、丝绸、陶瓷、纸币、针灸、音乐、书画等等,在世界上享有盛誉。在美国首都华盛顿的世界航天博物馆中,陈列着我们中国古老的传说"嫦娥奔月"的巨画,画旁的注释写道:"这是来自古老中国的人类第一个周游太空的想法"。其实,在我国古代,类似伟大的想法举不胜举,如"盘古开天辟地"、"牛郎织女鹊桥相会"、"羿射九日"、"梁祝忠魂化蝶"等等。提出这些想法的勇气和创新精神已经引导了无数的创造发明,也必将永远感染我们一代又一代的炎黄子孙。可是到了近代,在世界级发明家的名单中,例如在本书中所提到过的伟大科学家的名单中,中国人的名字太少了,实在令人遗憾。作为中国人,我们应该为在表 9.1 中几乎没有中国人的贡献而深感惭愧。原因当然是多方面的,但中国人的学风问题无疑是其中的重要原因之一。我们民族在近代的创新意识是不够的。

种种迹象表明:近代中国的某些人对"模仿"的酷爱远远超出了对"创新"的追求。只要我们稍加留意,就不难发现与此有关的问题。目前社会上普遍存在着两种现象:一是"仿古",诸如"正宗宫廷糕点"、"祖传秘方"、"根据马王堆出土配方……"等等。二是"仿洋",如"东方新巴黎"、"最新欧美款式"、"纯英式住宅小区"、"正宗法式糕点"、"来自意大利的浪漫"等等。的确,我们的祖先曾有过许许多多的创造发明迄今仍值得我们模仿。但从总体上讲,人类总是在不断进步的,今天的科技水平已远远超过了"马王堆"时代。当今发达国家在许多方面也确实领先于我们好多年,但也并非任何东西都是"进口"的好。殊不知我国在许多领域(如杂交水稻、核技术、航天技术等)目前仍领先或接近于世界先进水平。

由于盲目的"模仿"意识,社会上模仿之风极为盛行,在许多场合,"完美的仿制"已成为水平的象征和人们追求的目标。有人说:"我们中国人比外国人聪明,任何国外进口的复杂仪器设备,只要让我们中国人看一眼,我们立即便可把它仿制出来"。此话的错误是严重的,因为出言者对"发明"和"仿制"的区别一无所知。如果我们中国人仅仅只能"仿制"的话,那么中国人是不聪明的,因为模仿者必定要借助于发明者的智慧,"发明"的聪明远在"仿制"的聪明之上。正因为如此,像诺贝尔奖那样的国际级大奖历来只授予发明者,而决不会授予仿制者。

对于一个民族而言,暂时的"模仿"无可非议,起步阶段理应如此。但如果没有一点"创新"的意识和"被模仿"的责任感,长期以模仿别人的发明而光荣,以照抄别人的原作而自豪,以享受别人的创新成果而心安理得的话,那么这个民族就没有希望!

我们讲"模仿"远不及"首创"并不是说"模仿"不重要或不能"模仿"。我们的第一步应该是学习和模仿,要努力学习发达国家的先进技术,仿造我们祖先的创造发明,用他们的知识和智慧充实我们自己。我们的经济建设应该如此,我们的教学科研也应如此。但是我们的目标决不能停留在初级的"模仿"阶段,而要大胆地向更高层次的"创新"阶段冲击。这是人类文明的基础,也是我们中华民族的希望。在我们享受祖先的创造发明的同时,应该想到要留下更辉煌的成果让我们的子孙后代来享受;当我们仿效国外的先进科学技术的同时,更要意识到我们也应有更多的划时代的发明能让外国人来仿效。在这一方面,我们的祖先做到了,我们这一代炎黄子孙也应该努力去做到。

今天的学习,明天的创新;今天的模仿,将来被模仿!

4. 严谨的学风

一个具有真理意义的科学理论的形成,要经过一个极其严谨的论证过程。首先,要精确定量且可重复地测得实验数据;随后根据这些可靠的实验数据,利用严密的逻辑推理,总结出实验规律;在此基础上提出理论并建立相应的数学模型;然后经数学推导,求出精确的理论数据,并将其与实验数据进行定量的比较;这还不够,还需要用该理论定量预言尚未发现的实验现象,并要被进一步的实验所精确定量可重复地证实。最后,根据实验与理论的符合程度,评价出该理论的精确度和适用范围,其结论还要在今后的岁月中经受长期的实验检验。

这里所说的"精确度"是一个相对的概念,不同理论的精确度是不一样的。表9.1中所列出的诸如相对论、量子力学等重大理论与实验的符合程度是相当惊人的,其精确度到达了史无前例的高度,直至今日仍令人赞叹不已。"可重复性"则是一个严格的概念。"某一规律具有可重复性"是指它在某一固定条件下可精确定量地客观重复一切实验参数值。

上述严谨的研究方法称为科学的研究方法,由科学的研究方法获得的数据称为科学数据,由科学的研究方法取得的成果称为科学成果,经科学的研究方法证实的理论称为科学理论,科学理论的具体应用称为科学技术,成熟的科学技术称为科学工艺,科学的研究方法和科学技术总称为科学方法。由此看来,科学的创新,包括科学理论、科学成果、科学数据等,之所以能和"真理"齐名,是因为获取它们的科学方法的严谨性,一旦失去了严谨性,"科学"以及所有被她修饰的名词将立即变得毫无意义。因此"创新"必须以"严谨"为前提。

当然,在现实社会中,"严谨"二字的内容应该随学科不同而有所变化,特别是在人文社科等领域,精确、定量、可重复等概念并不像上面所讲的那样苛刻,有时也没有必要。例如,诗词对事物的描述并不需要十分精确定量,适当的夸张、幻想和浪漫有时是必要的。但有些问题也应该引起我们的深思,例如在我国发现的假冒伪劣产品中,保健品、化妆品、烟酒、饮料等假冒伪劣产品甚多,难道这一现象与此类产品的功效极难被精确定量无关吗? 当我们听到诸如"我考上大学,多亏妈妈给我吃了……","吃了……,考试胜人一筹"那样的广告词时,难道不应该问一问:这些用"科学方法精制而成"的产品的"神奇功效"是如何证明的呢?

5."天才是 1 % 的灵感,99 % 的汗水"(爱迪生)

传说在中国古代有一位著名的书法家,他的书法水平十分高超。一天,有一位青年人向他求教:您能否告诉我练习书法的诀窍? 书法家将青年人带到了后院,院内存放着许多大水缸,缸内灌满了水,用于防火急救。书法家指着这些大水缸里的水对这位青年人说:待你将这些大水缸中的水写完之后,我再告诉你练习书法的诀窍。这位青年人领悟到了其中的道理,回答说:哦,我明白了。

从事科学研究切不可急功近利,更不要幻想"不劳而获"。著名英国物理学家焦耳从 1840 年至 1878 年,先后用了 38 年时间,采用了原理不同的各种方法,进行了无数次实验,才获得了热功当量的精确数据;从 1865 年麦克斯韦理论预言电磁波到 1887 年赫兹实验证明电磁波的存在先后整整花费 22 年;爱因斯坦在 1905 年发表了他的"狭义相对论"的论文之后,又寒窗 10 年,才完成了震撼全球的"广义相对论"学说。还有,从 1916 年爱因斯坦预言受激辐射的可能性到 1960 年人类第一支红宝石激光器的诞生,从 1911 年昂纳斯发现超导现象到 1957 年 BCS 超导理论的形成;从 1924 年理论预言玻色--爱因斯坦凝聚到 90 年代激光冷却原子的实验证明等等,均归功于众多世界一流物理学家的长期艰苦努力。物理学的每一项重大突破无一不是艰辛和汗水的结晶。如果把一位科学家的成功仅仅归结为他的"聪明"、"幸运"或"条件优越",那是完全错误的。科学就是踏踏实实,科学就是百折不挠。没有长期的积累,没有痛苦的失败,就不可能抓住问题的关键,实现重大突破。无数事实告诉我们:一分耕耘,一分收获,甚至十分耕耘,一分收获。有时候,百分之百的努力仅仅是为了那万分之一的成功概率!

历史上曾经有很多人在失败中选择了"气馁"而销声匿迹,还有许多人在一次次的失败中顽强地战胜了困难,最后成就大业。对于一位成熟的科学工作者来说,他当然很期盼成功,但同时他对"失败"也一定是相当的习惯,因为他知道"尝试,失败,再尝试,再失败 …"是科学研究的最一般规律,也就是人们常说的"失败乃成功之母!""失败"意味着你暂时没有达到预期的目标,但这并不意味着你没有前进,很可能由于这个"失败"你向目标大大迈进了一步。

事实上,"失败"的意义远不止仅仅是"成功之母"。"失败"能使人更聪明、更理智、更坚强、更成熟、更具回味性。我们很难想象一个没经历过任何挫折的人会是一个成熟的人,我们也无法相信一位优秀的科学家从没经历过任何失败。

有时候"失败"和"成功"也没有明显的区别。1887 年,著名的测量地球相对于"以太"的速度的实验宣告失败了,但这一失败导致了相对论的诞生,导致了人类宇宙观的突变,测量者迈克耳逊和莫雷也因此而名声大振,人们用最美的语言高度评价这两位世界级的科学家,因为他们的"失败"为人类文明做出了杰出的贡献。虽然当时迈克耳逊和莫雷是宣布他们的实验失败了,但又有谁能说清这个实验到底是"失败"还是"成功"呢?

在平坦的道路上漫步,那是没有任何挑战性的一维休闲;在一望无际的海上航行,你需要判断东西南北四个方向;只有在崎岖的山路上勇于攀登的人,他的人生才是三维立体的。在人的一生中,要尝试真正的"失败"并不太容易,除了需要足够的勇气和智慧外,还需要有足够好的机遇。真正"失败"的滋味应该是极其"刺激"和"豪爽"的,是人生极其珍贵的一笔财富啊!

6. 对称、简洁、玄妙、和谐统一的物理学

物理学的美十分完备且极其深刻,也许这正是吸引众多物理学家愿终身为之奋斗的主要原因之一,但由于其表现形式非常含蓄和抽象,因此通常不易被人们所直接欣赏和借鉴。

物理学的美首先表现为她的对称性。经典物理学告诉我们:动量守恒的

原因是空间的均匀性,也就是空间平移对称性;角动量守恒则源于空间方向的对称性;导致能量守恒的原因是时间平移对称性。20 世纪物理学将对称性与物理定律更加紧密地联系在了一起:全同微观粒子的交换对称性是量子力学的基础;相对论学说的根源是时间和空间的对称性;70 年代创立的相变理论的起因是空间尺度变化对称性;规范变换对称性引发了规范场理论的诞生;玻色子与费米子的对称性导致了现代超对称理论等等。物理学家们相信:宇宙间最深奥的秘密与"对称性"有关!

其次,物理学的美还表现在她的简洁性。物理学习惯于用简洁而又包罗万象的数学微分方程来描述和揭示宇宙间深奥的秘密。经典物理学中的牛顿方程(1.2)式涵盖了天地间一切宏观物体的低速运动规律;麦克斯韦方程组(1.13)式包藏了所有的经典电磁规律。20 世纪物理学也不例外:量子力学中的薛定谔方程揭示了一切低速微观粒子的运动规律;广义相对论中的爱因斯坦场方程统一了物质、引力场以及时空弯曲,是现代宇宙学的奠基性方程;……。这些物理学方程的形式虽然极其简洁,但它们气盖寰宇,几乎海纳了整个宇宙的演变规律。当物理学家们意识到一个仅仅由几个字母组成的物理学方程竟主宰着整个宇宙的某一奇妙规律时,他们迷惑了,就像当年爱因斯坦所感受到的那样:"大自然最不可理解的是它竟然可以被理解。"此时此刻,他们似乎感到人类与"上帝"之间的距离并不那么遥远。

和谐统一是物理学美妙无比的另一体现。牛顿力学首次将天和地统一起来;经典电磁场理论将电、磁、光和谐地融为一体。20 世纪建立的量子力学完成了将微观低速运动和宏观低速运动规律的完美统一;相对论学说在极深的层次革命性地将时间、空间、物质、引力场联系了起来。目前物理学家们正努力开拓的所谓"大统一理论"是希望实现万有引力、电磁力、强相互作用以及弱相互作用四种似乎千差万别的力的完美大统一,这是一个令人振奋的真正大统一,其完美性到达了人类理想的极限。

人们用音乐、诗歌等来比喻物理学的美,但都不够精确,因为不同事物的美具有不同的表现形式,尽管在到达最高境界时它们应该是统一的。其实,由于物理学是以极其完美的形式描写和揭示宇宙间最完美的奥秘,她应该是自然美(即最高层次的美)的线性映射,她本来就属于宇宙间万紫千红的一部分。

上述 20 世纪物理学的诸多重大发现所给予我们的提示包括了"创新"、"严谨"、"百折不挠"和"完美"几个方面,也许这正是现代科学精神的精髓所在,是人类文明的重要组成部分。

9.2 科学技术与人类文明

在经历了几百年科学技术高速发展的历程之后,冷静下来的人类终于意识到有必要仔细思考一下科学技术与人类、人类文明以及人类未来的关系问题。

1.科学技术的两重性

现代文明的基本特征就在于它是科学文明。中世纪以后,文艺复兴、宗教改革与科学革命相继在欧洲发生,导致了西方近代资本主义和现代文明的兴起。近代科学诞生以来,科学对社会的巨大影响日益为人们所认识。培根和康帕内拉几乎同时提出"知识就是力量"的口号。恩格斯曾指出科学是"最高意义上的革命力量"。科学技术作为"第一生产力"在中国已逐渐成为共识,科学技术对物质文明的巨大推动作用有目共睹。事实上,科学技术的进步对社会各个领域、各个层面都有巨大的影响。例如科学技术的发展将不断改变社会的经济结构,改变人们的劳动和生活方式,改变国家的安全观念、防卫方式以及全球的政治格局。例如,核武器的出现就整个地改变了世界的格局。

科学深化了人们对人类社会和自然界关系的认识,从而使人类能够更理智地认识、控制自身,正确处理人与人、人与自然间的协调关系,因此科学将成为人类文明和道德、立法的重要基础和准则,成为国家、政府乃至国际间立法、行政和制订条约的依据。如克隆技术的发展,将直接影响伦理、道德及有关婚姻、家庭的立法;国际互联网技术的发展,将影响知识产权、个人隐私等方面的立法和道德规范;小型纯聚变核武器的发展,将对核禁试条约产生影响,因为它当量小,没有放射性遗留,很难监测。

另一方面,科学技术是一把双刃剑,它在为人类带来物质生活繁荣的同时,也会引发一些严重的社会问题,如环境污染、资源浪费、人际关系的淡漠、贫富不均的扩大、核战争的威胁,更何况有一些科学技术短期看有利于人类,但长期看却弊大于利。如滴滴涕(DDT)的使用减少了病虫害,挽回粮食损失近 3 亿吨,相当于 10 亿人一年的口粮,而且还有效地杀灭了苍蝇等传染疾病的害虫,从而大大地减少了疟疾、伤寒等的发病率和死亡人数,发明人保罗·米勒因此获得了 1948 年的诺贝尔生理医学奖。然而不容否认的是,由于 DDT 不易被生物降解,造成了严重的环境污染,而且还打破了生态系统的平衡,因而从 70 年代初开始,各国已相继禁止生产 DDT,我国于 1985 年明令禁止使用 DDT。类似的例子又何止一个,如泡沫塑料包装盒、一些转基因食物等。

如何趋利避害,使科学研究向着有利于社会和人类长远利益的方向进行,是值得特别重视的问题。特别是当前科学研究的竞争日益激烈,科学研究的经费来源于企业的比例日益增加,科学研究与企业的赢利目标直接相关,因此如何加强科技立法,宣传科学道德越来越重要,科学家应该关心科学道德及科学对社会的正负面影响,关注世界的和平与正义,主张人与自然的和谐,推动全人类的共同进步。但作为科学技术的使用者、受益者和科研经费的承担者的广大公众,有权也有必要更多地参与科技决策与立法及科技监督,为此就应更多地了解科技,了解科学技术发展的历史,了解科学精神与科学方法。在目前的中国,更应该加强科学教育和科学普及,以提高全民族的科学文化素质,弘扬科学精神,反对形形色色的迷信和伪科学思潮。

2.科技发展与人文进化同步

现代人已越来越清楚地认识到:人类文明的进一步发展不可避免地遇到了人与自然和谐发展的问题,其实质是要求全人类的人文进化步伐必须与科学技术发展的速度同步。现在地球上的人类是从很久以前的低等动物进化而来的,从具有明显兽性的低等动物向具有明显人性的高等动物的人文进化过程即为人类文明的发展过程。兽性与人性之间有着本质的区别:前者的行为是既不借鉴历史,也不考虑后果;而后者做事是既要学习历史,又对子孙后代高度负责的。人类的人文进化必须与人类改造自然、利用自然以及破坏自然的能力提升同步,否则将导致人类的灭顶之灾。

如表 9.2 所示:一万年前,史前人的科技水平几乎为零,他们只能使用石头、木棍等作为工具,他们对大自然的破坏能力十分有限,因此他们无法做出可对地球产生严重恶果的事情,尽管那时人类尚处于人文进化的初级阶段。大约在二千年前,人类的科技水平开始快速发展,人们可以使用铁器、青铜器等作为工具,生产力大大提高,但同时人类对大自然的破坏能力也明显增加了,大面积地森林砍伐造成了严重的水土流失,中国黄河一带的水土流失问题就与此有关,因为那时的人类根本不知道森林的真正价值。到了二十世纪初,人类已可大规模地使用电、光、磁、化学能、元素及化合物等,人类文明开始了又一次突变,达到了一个新的高度,极大地提高了生产力。但另一方面,人类对大自然的破坏能力也跃上了新台阶,如大面积河流化学污染,空气污染,矿产资源的掠夺性开采等,因为那时的人类根本不知道什么叫生物链？不知道矿产资源的有限性和形成机理等。史无前例的现代文明给人类带来了原子能、激光、基因技术、克隆技术等,随之而来的是十分麻烦的核污染,基因变异,生化药物和生化武器等,对大自然的原有平衡秩序构成了很大威胁。而与此同时,现代人也不清楚基因食品对人类究竟意味着什么？克隆技术将给人类带来什么？核辐射和电磁辐射(如移动电话的电磁辐射等)对人类有哪些影响等。好在我们现在有联合国及其相关机构的制约,许多负责任国家的努力,包括国际立法、经济援助、慈善事业、多国科研合作等,使我们现在的地球仍然处于准平衡状态,尽管这种平衡极其脆弱。估计半个世纪以后,人们将可能掌握受控核聚变技术、完整的基因技术、反物质技术等。毫无疑问,这些技术将对地球上的生态平衡构成新的极大的威胁,如果那时人类的人文进化没有达到足够的高度,后果将不堪设想。

表 9.2　不同文明时期人类所拥有的科学技术

一万年前的史前人类:	石器,木棍
一千年前的人类:	铁器、铜器
一百年前的人类:	电、磁、光、化学能热机等
现代人类:	原子能、激光、转基因食品等
未来人类:	受控核聚变、遗传基因技术、反物质技术……

从上述历史的简单回顾,人们发现:在科学技术发展的同时,人类自身的人文进化也在悄悄地进行着,人类对大自然规律的认识也在不断深入。应该说在过去人类文明的近万年历程中,人类的人文进化步伐与科学技术的发展速度基本是同步的,没有发生严重的错位,这可是人类之大幸啊！我们可以想象:假如当年的楚霸王项羽掌握了原子弹,他对扔原子弹会有所顾忌吗？他会有对后人负责的概念吗？两千多年前的战场将会是什么样子？现在的世界又会是什么样子呢？如果当年的希特勒掌握了原子弹、超强功率激光、基因技术、反物质技术等,现在的地球又将是怎样一幅悲惨的情景呢？

显然,随着现代科学技术的高速发展,人类改变大自然的能力日益剧增,人类自身的同步人文进化必然显得越来越重要。据统计,目前人类所拥有的核武器足以毁灭人类自己好几次;只要喜欢,人类可以轻易地移山填海,也可以建山造海;如果愿意,人类还可以随意灭绝地球上任何一种动物和植物,也可以生产出地球上从来没有过的动物和植物物种;……。面对自己越来越大的能力,人类的一切行为必须要有同步和相应严厉的人文制约,人类各种重大决策必须要依靠专家、尊重知识、遵循客观规律、科学民主、理智负责,否则其后果将不堪设想。遗憾的是在过去几十年中,在地球上的许多地方,出现了对环境的严重污染、矿产资源的极大浪费、野生动物的残酷灭杀等恶劣现象,这种对子孙后代极不负责任的行为似乎使人觉得当今世界的人文进化步伐严重落后于科技发展的速度,形成了明显的错位,已经给子孙后代造成了不可挽回的损失,极大地威胁着人类的未来。值得庆幸的是近年来我国政府正大力提倡发展社会人文科学,弘扬精神文明,倡导科学的发展观和节约型社会,其用意大概也在于此吧。

3. 期待的未来

未来,科学技术造福人类将是全方位的。

科学技术的不断发展,将使越来越多的人们不仅能够欣赏音乐、诗歌、电影和小说,还能够充分享受科学的美与妙。例如未来的人们将可以"畅游"在原子之间操作"点金术"的梦幻;或者"漫步"在电子表面体验"分身术"带来的美妙;还可以在惊叹"量子计算机"那绝妙的思想之后而夜不能寐;未来的人们还可以感受"黑洞"内部的凝固;体会在宇宙航行时"寿命延长"和"空间压缩"的惊讶……

科学精神将成为未来人们共有的素质之一,它将使人类更加睿智、更加理性,能更有效地识别科学、伪科学和反科学的真正面目;在科学精神指导下,人们可大大减少走弯路的几率,社会将更高效、更和谐。

科学技术的不断发展,人类还将实现一个又一个新的梦想:受控热核聚变、量子计算机、反物质、强激光、高温超导技术、纳米科技、遗传基因技术等领域的难题将被攻破,更多科学成果将进入千家万户,进入社会的各个领域,人类文明也将步入更高的阶段。

图书在版编目（CIP）数据

物理学与人类文明 / 盛正卯，叶高翔著. —杭州：浙江大学出版社，2000.11（2022.1 重印）

（科学通识系列丛书）

ISBN 978-7-308-02587-4

Ⅰ. 物… Ⅱ. ①盛…②叶… Ⅲ. 物理学－普及读物

Ⅳ. O4-49

中国版本图书馆 CIP 数据核字（2000）第 54114 号

物理学与人类文明

盛正卯　　叶高翔 著

责任编辑	徐　霞	
封面设计	余　杭	
出版发行	浙江大学出版社	
	（杭州市天目山路 148 号　邮政编码 310007）	
	（网址：http://www.zjupress.com）	
排　　版	杭州青翊图文设计有限公司	
印　　刷	嘉兴华源印刷厂	
开　　本	787mm×960mm　1/16	
印　　张	14.5	
字　　数	237 千	
版 印 次	2006 年 2 月第 2 版　2022 年 1 月第 14 次印刷	
书　　号	ISBN 978-7-308-02587-4	
定　　价	36.00 元	

上式表示正负电子湮没生成两个光子。

1931 年,泡利(W. Pauli)在理论上预言了中微子的存在,它不带电荷,质量为零(1998 年以来,国际上进行了多次实验,发现中微子极有可能具有微小的质量,不到电子质量的百万分之一)。1941 年,王淦昌先生在浙江大学抗战西迁的艰难历程中,提出了验证中微子存在的实验方案,并为 1952 年证实中微子存在的实验所采用。1935 年,汤川秀树(H. Yukawa)预言了 π 介子的存在,其质量 $m_\pi \approx 200m_e$。1947 年,鲍威尔(C. Powell)利用核乳胶发现了 $m_\pi = 270m_e$ 的 π 介子[①]。π 介子的寿命为 $\tau_\pi = 10^{-8}$秒,它将衰变成其他新粒子:

$$\pi^- \longrightarrow \mu^- + \bar{\nu}_\mu \tag{5.3}$$

其中 μ^- 表示 μ 子,$\bar{\nu}_\mu$ 为 μ 子中微子的反粒子。μ 子的质量为 $m_\mu = 106\text{MeV}$,寿命为 $\tau_\mu = 2.2 \times 10^{-6}$秒,其他性质与电子相似。

1947 年以后,更多的粒子被发现,如

介子:$J = 0$,　　　$\pi^\pm$,　π^0,　ρ,　$k^\pm$,　k^0
重 子:$J = 1/2$,　　 p,　n,　$\Sigma^\pm$,　Σ^0,　$\Xi^\pm$,　Ξ^0,　Λ

1959 年,王淦昌先生领导的一个科研小组在前苏联杜布纳联合核子研究所,在世界上首次发现了反西格马负超子($\overline{\Sigma^-}$),从而使人们确信,不仅质量较轻的粒子有反粒子,而且所有的粒子都有反粒子。目前发现的粒子和反粒子总数到达数百种。

这些看似纷繁混乱的粒子中实际上存在着秩序。类似于元素周期表,它们也满足一定的规律,这表明粒子内部还有结构。

5.1.3　夸克(Quark)模型

莫瑞·盖尔曼(Murray Gell-mann)从 50 年代中期开始研究粒子分类问题,1961 年,他利用数学中的群论方法,建立起了已知强子(包括介子和重子)的八重态和十重态,并利用它们预言了一个新粒子 Ω^- 的存在,它于 1964 年 2 月被美国布鲁海文实验室的实验所证实。八重态方法类似于元素周期表的分类方案,这表明强子内部可能还有结构。1964 年,盖尔曼提出了夸克模型,认为

---

① 　汤川秀树和鲍威尔由于他们的杰出工作,分别获得了 1949 年和 1950 年的诺贝尔物理学奖。

介子和重子都由更基本的三个夸克 u,d,s 构成,例如 p=(u u d), n=(d d u), π^+=(u $\bar{\text{d}}$), π^-=(d $\bar{\text{u}}$),一般可写成:介子=(q $\bar{\text{q}}$),重子=(q q q)。夸克(Quark)这个字的英文意思是海鸥、苍鹭的鸣叫声,盖尔曼取此名是源于一本充满文字谜的诗集,其中有一句为"Three quarks for Muster Mark"(召集马克的三声叫声)。盖尔曼因为他的工作获得了 1969 年的诺贝尔物理学奖。到目前为止,夸克增加到了六种,它们是上夸克(u)、下夸克(d)、奇夸克(s)、粲夸克(c)、底夸克(b)和顶夸克(t),也称六味夸克,每味夸克还有红、蓝、绿三种颜色(是抽象的颜色,只表示内部的自由度),例如 u $\rightarrow$ u_R, u_B, u_G,因此是六味三色 18 种,再加上每一种夸克都有其反夸克,所以总共有 36 种夸克。构成物质的基本粒子除了夸克以外还有六种轻子,再加上它们的反粒子总共有 12 种轻子。这些轻子和夸克可分为三代,它们是:

第一代

轻子	(电荷)	夸克	(电荷)
e	−1	u(up)	2/3
ν_e	0	d(dowm)	−1/3

第二代

μ	−1	c(charm)	2/3
ν_μ	0	s(strange)	−1/3

第三代

τ	−1	t(top)	2/3
ν_τ	0	b(bottom)	−1/3

以上没有包括反粒子。到此为止,我们得到了各个层次的物质结构如图5.1所示。

那么,物质是否无限可分,任意可分呢? 显然不能任意可分,以《庄子·天下篇》中的"一尺之棰"为例,设此棰为一米长,一天后取为 1/2 米,两天后为 1/4 米,三天后为 1/8 米,四天后为 1/16 米,五天后为 1/32 米,六天后为 1/64 米,一周后为 1/128 米,五周后为 10^{-10}米,已达原子尺寸。再继续分就不可能"日取其半"了,因为不存在半个原子,要么打去核外电子,但此时其大小不是减少一半,而是减小到 10^{-5}(十万分之一)。所以说,物质是不能任意可分的。上世纪五十年代,毛泽东主席在坂田模型(认为质子、中子、超子是组成强子的基本粒子)的启发下,运用辩证唯物主义理论,提出了关于"物质无限可分性和